"十三五"国家重点出版物规划项目

陈设

张玉山 著

陶瓷饰品

设计与生产

The Design&Production

of Ceramic Ornament

湖南大学出版社

内容简介

室内陈设设计丛书之一。

该书为国家"十三五"重点出版物规划项目,湖南省重点出版物项目。

《陶瓷饰品设计与生产》以设计专业实际运用的特点作为出发点,着重介绍了陶瓷材料的基础类型、审美特征、实际运用、生产工艺和制作流程、设计方法等内容。通过对陶瓷饰品存在于空间的形式进行研究,让读者充分了解陶瓷饰品具有独特的视觉艺术语言、工艺成型方法和表现形式。

可作为高等院校设计类专业学生专业教材,亦可为陶瓷设计爱好者的参考读物。

图书在版编目(CIP)数据

陶瓷饰品设计与生产 / 张玉山著 — 长沙:湖南大学出版社,2017.7
(室内陈设设计丛书)

ISBN 978-7-5667-1332-2

Ⅰ.①陶… Ⅱ.①张… Ⅲ.①陶瓷—室内装饰设计—研究 Ⅳ.①TU238

中国版本图书馆CIP数据核字(2017)第169503号

陶瓷饰品设计与生产
TAOCI SHIPIN SHEJI YU SHENGCHAN

作　　　者:	张玉山(著)		责任校对:	全　健
责任编辑:	胡建华			
装帧设计:	湖南观悦文化创意有限公司			
出版发行:	湖南大学出版社			
社　　　址:	湖南·长沙·岳麓山		邮编:	410082
电　　　话:	0731- 88821691(发行部)88821251(编辑部)88821006(出版部)			
传　　　真:	0731- 88649312(发行部)88822264(总编室)			
电子邮箱:	hjhhncs@126.com			
网　　　址:	http://www.shejisy.com		印　张:	11
印　　　装:	长沙创峰印务有限公司		字　数:	289千
开　　　本:	787×1092　1/16开			
版　　　次:	2017年8月第1版		印　次:	2017年8月第1次印刷
书　　　号:	ISBN 978-7-5667-1332-2			
定　　　价:	58.00元			

室内陈设

总序

离开自然谈生活，离开生活谈环境，离开环境谈产品，这些都是对设计的误解。

按照业内人士的理解，"软装"包括陈设品的布置规划和陈设品的设计制作。随着软装业的兴起，室内设计、室内装修、产品设计、装饰设计等先前还彼此分离的一些专业、专业领域已经融为一体。我们意识到：这不仅是设计概念理解上的进步，同时也是设计教育领域发展的一次契机。

于是，中南林业科技大学的同仁们试图以此为切入点，编写系列教材，去尝试和融入这一次设计的进步，顺应"软装"业迅猛发展的趋势。

不回避建筑室内空间设计的背景，试图从室内空间规划、实用和审美功能的预期、环境规划和上述设计理想的实施来整体做一件事情，软装设计原理将是此系列教材的灵魂和核心。虽然是以整体的观点看待软装，但实施过程也还是具体的，存在着相对明确的分工：空间设计、陈设品配置计划、陈设品设计等。于是，此系列教材分为多册，涉及软装设计培训的整体和局部、基础和应用、规划和实施。其中，关于基础训练、基础理论、整体规划的相关书籍已经较多且水平较高了，我们只是出于保持教材的系统性的考虑而略抒己见，重点将放在家具、饰品等产品的制作与配置上。尤其是饰品的设计与制作，以往均将其界定在工艺美术创作的范畴内，但业界却早已是大规模生产，成为了一种工业化生产的产品。设计师必须接受这种事实，并更好地融入到产业中去。因此，本系列教材用了较大的篇幅去探讨各类饰品的设计与制作。或许这将成为本系列教材的特色。

总之，一切都依赖时间的检验。我们这次的设计教育探索也是如此。相信会随着设计实践、设计产业的发展和深入，逐渐达至完善。

目录

PART 1

陶瓷饰品概述

陶瓷饰品是以黏土作为基本材料，通过形态塑造高温烧制成型的装饰品。

1.1 陶瓷饰品

陶瓷饰品是以黏土作为基本材料，通过形态塑造高温烧制成型的装饰品。狭义地理解陶瓷饰品，则是具体的陶瓷装饰品物件本身，如陶瓷首饰、陶瓷雕塑、陶瓷装饰摆件等；在环境设计中则特指室内外的陶瓷或以陶瓷为主体的综合材料陈设装饰品。广义的概念可以理解为具有装饰性的陶瓷物品（图1-1~图1-4）。

陶瓷饰品与众不同的触觉和视觉感受使其具有独特的装饰性。行云流水、五彩绚丽的釉料是它区分于其他材料的关键。根据饰品的使用场所

图1-1 Taiwan Noodle House 台湾面馆陶瓷顶面装饰图

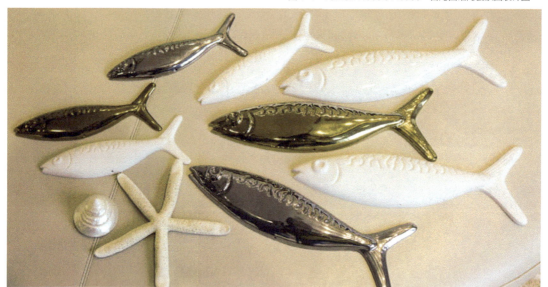

图1-2 鱼形陶瓷灯饰

图1-3 时尚陶瓷项链

图1-4 陶艺雕塑

不同，它的功能用途决定饰品的表现形式，陶瓷饰品往往不是简单的形体表达，与创作者的精神表达密不可分。

此外，陶瓷可与其他材料进行综合设计。陶瓷与不锈钢、木材、金属、玻璃等材料的结合是"物"与"物"之间的碰撞（图1-5~图1-8），综合不同材料进行设计，在差异性的基础上寻求共性，具体如下：

①"冷与暖"的结合。陶瓷传递的视触觉偏冷，基于感知的相对性，木材相对陶瓷偏暖，陶瓷与木的结合，也是中国传统文化典型代表的结合，既是传承也是创新。

②"轻与重"的结合。饰品中组合元素的轻重感依赖于材质本身的质量和各元素点、线、面之间的关系，丝绸、麻线、棉线相对于陶瓷显得柔和、轻盈。

利用材料的特性进行互补的设计方式有多种，尊重材料、合理设计是基础。陶瓷与其他材料结合进行饰品设计探索，拓宽了陶瓷饰品设计表现的可能性，可以丰富饰品的多样性，满足不同的对陶瓷饰品的审美需求。

现代陶瓷饰品是对室内空间的二度陈设与布置，是在主体设计风格确立的基础上对于空间的进一步完善。陶瓷饰品是悠久的陶瓷艺术形式与创新艺术设计的结合；同时，室内设计的持续发展，为现代陶瓷饰品提供了发展的现实空间。

图1-6　陶瓷与竹结合的饰品

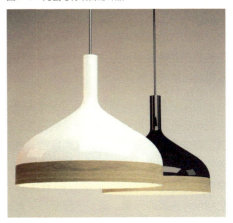

图1-7　陶瓷与木结合的吊灯

图1-5　陶瓷与金属结合的摆件　Gentle Giants 设计工作室（意大利）

图1-8　陶瓷与金属、玻璃结合的陈设品

1.2 现代室内陶瓷饰品的作用及意义

1.2.1 丰富室内环境，深化空间主题

室内设计讲究空间的氛围和意境。丰富室内环境是基于满足物理需求之上的精神需求，讲究艺术性与科学性的结合，艺术性主要表现于室内意境的营造。

陶瓷饰品作为一种消费装饰，是一种丰富视觉体验的装饰方式，其体现的内涵包含两方面：一方面是陶瓷饰品的外部表象特征，表现为具有形式美的造型和柔美多变的釉料色彩。另一方面是陶瓷饰品的内在内容，表现为对其所在的整体室内环境氛围的心理感受。如吉川正道设计的名为"岸边"的机场陶瓷墙（如图1-9），三个球体与青白瓷砖墙组合而成的一幅室内岸边景象，着重突出地域氛围。

不同的室内环境拥有不同的设计主旋律，如中式风格庄重、雅致，地中海风格轻快、浪漫，散发着自然的气息，新古典风格精致、高雅……陶瓷饰品的种类风格繁多，选择适当的饰品搭配室内环境是装饰的目的，通过陶瓷饰品增添了空间设计主题的元素，展示了陶瓷饰品对主题的表达。

1.2.2 发展陶瓷工艺，推动产业升级

陶瓷饰品通过生产来体现，工艺技术是装饰品重要的基本要素，它决定了陶瓷饰品的基本表现形式。工艺技术是实现饰品物质条件的基本手段，在推广陶瓷饰品的前提下，持续发展陶瓷工艺是满足市场要求的必要条件，新的工艺技术促使陶瓷装饰设计及其产业升级。

陶瓷饰品的装饰性强，造型丰富，不规则的形态对于工艺技术的要求高，陶瓷饰品的设计开发需要与之符合的工艺技术，追求陶瓷饰品设计不受限于工艺技术水平。陶瓷饰品的不断发展，给予陶瓷产业更大的平台，创造出多样的装饰风格（图1-10 ~图1-18）。

图1-9 日本爱知县中部国际机场室内陶瓷装饰 吉川正道（日本）

图1-10 韩国利川世界陶瓷博物馆陶瓷面板装饰柜

图1-11 陶瓷摆件

图 1-12　上海冷窑陶瓷家居

图 1-15　陶瓷音响 Joey Roth（波兰）

图 1-16　《猫》陶瓷雕塑饰品

图 1-13　陶瓷相框

图 1-17　色釉炻瓷卫浴用具　湖南华联瓷业股份有限公司

图 1-14　《花之六》陶瓷摆件　查素花（韩国）

图 1-18　茶壶　宋英恩（韩国）

1.2.3 体现社会文化，引领人们追求

陶瓷饰品在尊重文化、宗教等因素的基础之上，寻求人与空间的情感共鸣。共鸣之处源于人类精神领域的碰撞，以及对同种文化价值的向往。

陶瓷饰品本身作为一种文化载体，体现现代人的装饰情趣，因而饰品以多种表现形式呈现。然而，优秀的陶瓷饰品并不意味着铺张浪费，或者是野蛮移植国外的设计作品。在当代复兴情怀的影响下，设计者追求符合中国社会文化的设计作品是大势所趋。

Note：

1.3 陶瓷饰品种类及其主要审美特征

陶瓷饰品按照使用类型分为三类：日用性陶瓷饰品、用享两用性陶瓷饰品、装饰性陶瓷饰品。

1.3.1 日用性陶瓷饰品

日用性陶瓷饰品的设计，首要考虑物体的功能要求，以及工艺、技术、人机工程学等方面的可行性，同时，须满足饰品的特征使其具有装饰性。如陶瓷餐具、陶瓷茶具等（如图1-19）。

现代日用性陶瓷饰品在新的市场需求下，多样化、个性化、情趣化、差异化成为人们选择饰品时的考察点。随着市场开放性程度增大，现代日用性陶瓷饰品设计应重点考虑如下四个方面：

①坚持使用健康、环保的材料进行陶瓷饰品的设计是基本原则。日用性陶瓷是人们生活中常使用的陶瓷产品，陶瓷材料的品种繁多，不同种类的陶瓷原料所含有的各元素比例都不同。国家对日用陶瓷产品的原料均有严格的标准要求。

②功能的完整性是日用性陶瓷饰品的重要基础，实用性是满足功能的前提，功能的完整性取决于设计的造型、工艺技术水平、人机工程学等因素。

③追求创新是市场发展的需要，陶瓷饰品的

跨界设计，将不同领域的设计元素引入其中，提取精华的设计元素进行创意性设计。

④鼓励打造中国情怀的设计。日用性陶瓷饰品是日常生活中常见的，使用普遍，影响范围大，传播力强，如同一张行走的陶瓷名片。运用中国自己的文化本体、现代饰品表现方式打造具有中国情怀的饰品，既是中国文化、艺术观念的表达，也是宣传、推广独具中国特色设计的渠道和方式。

图1-19-1　色釉炻瓷餐具　湖南华联瓷业股份有限公司

Note：

图 1-19-2　日用性陶瓷套件　湖南华联瓷业股份有限公司

图 1-19-3　炻瓷餐具　湖南华联瓷业股份有限公司

图 1-19-4　炻瓷西餐具　湖南醴陵陶润实业发展有限公司

图 1-19-5　色釉茶具　广州市同连陶瓷有限公司

图 1-19-6　陶瓷茶具套件

图 1-19-7　日用陶瓷饰品 赵磊

图 1-19-8　釉下五彩茶具

Note：

1.3.2 用享两用性陶瓷饰品

用享两用性陶瓷饰品是指将装饰和使用功能结合于一体，陶瓷器的装饰性功能在生产生活中被发掘，陶瓷饰品从单一满足实用到追求美感设计逐渐发展起来。观赏与实用的统一，形式与功能的统一，用享两用性陶瓷饰品在造型设计上，既要考虑陶瓷材料的属性，也受限于使用功能，装饰性应在满足使用功能的基础上展开。

用享两用性陶瓷饰品包括陶瓷花瓶、陶瓷灯具等（图1-20～图1-22）。

陶瓷灯具是以陶瓷为主要材料制成的发光、发热的装置。现代陶瓷灯主要表现形式有陶瓷透光灯、陶瓷蓄光灯、陶瓷反射灯等。

陶瓷透光灯主要包含镂空陶瓷灯和薄胎陶瓷灯，两者的主要区别在于材料透光的方式不同。镂空陶瓷灯的主体陶瓷材料不透光，而是在灯体上设计通光孔，光线透过光孔艺术性地投射出来。薄胎陶瓷灯是利用骨灰瓷、白瓷瓷体的晶莹剔透和釉料的结合，经过不同于普通瓷器的烧制工艺制成，使其呈现陶瓷体透光效果，主要产地为景德镇与德化。陶瓷蓄光灯是指将陶瓷材料与发光材料结合形成具有荧光特性的环保型陶瓷，在可见光的照射下吸收光能就能持续一定时间发光，整个过程无污染并可以重复使用。陶瓷反射灯利用釉面的光洁度对光线进行反射，陶瓷反射光源常应用于庭院造景。

图1-20 用享两用性茶具 杨玉洁

图1-21 牡丹花釉下五彩台灯

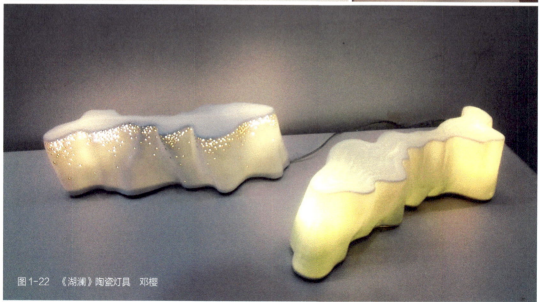

图1-22 《湖澜》陶瓷灯具 邓樱

1.3.3 装饰性陶瓷饰品

装饰性陶瓷饰品注重设计语言的表达，其功能性从属于装饰性。设计语言的表达主要体现在造型形式上，装饰性饰品受实用功能的造型限制小，在造型设计上的自由度大，创作的可能性广阔。造型上分为具象装饰和抽象装饰两类。具象的造型常采用象征的手法，模拟人物、花朵、动物、海浪等具体的形态进行设计。抽象的造型则利用基础的点、线、面的多重组合进行设计（图1-23）。

图1-23 装饰性饰品

装饰性陶瓷饰品按装饰形式可以分为如下几类：墙面装饰，如陶瓷挂盘、陶瓷板画等陶瓷壁饰形式呈现；落地装饰，放置于地面之上的陶瓷饰品，通常体形较大，如雕塑等；台面装饰，摆设于桌、台、架子之上的陶艺装饰品；悬挂陈设，指的是悬吊于空中的陶瓷饰品，如风铃。

1.4 陶瓷饰品设计与室内环境的关系

陶瓷陈设品是与空间和环境共同作用的产物，陶瓷陈设赋予环境表情，延伸成为环境的符号。现代室内陈设瓷，作用在于装饰、点缀家居空间以及体现一定的实用性和功能性。其表现形式自由多样，常与环境中的空间元素、光元素、色彩元素、声音元素等相互作用，增添了家居空间的文化修养和艺术情操，突显出别致的氛围与情调。随着社会的发展，人民群众的生活水平、生活观念逐渐发生质的变化。在重视精神文化的今天，空间关系中人与物的协调关系则体现更为重要的设计精神。那些富有艺术性、装饰性、观赏性的陶瓷饰品因为满足了空间使用者的情感需求，已然成为室内形象塑造、空间气氛渲染、个人品位表达不可缺少的装饰工具，对现代居室起着锦上添花、画龙点睛的作用（图1-24、图1-25）。

图1-24 卧室陶瓷摆件

图 1-25 陶瓷坐墩

1.4.1 陶瓷饰品设计与自然环境

（1）空间

室内环境是一个带有感情色彩的立体空间。空间的构架是承载的主体，一旦空间的整体构架形成，后期的改建就很难实现造型的改变。也就是说，单纯的空间造型，会随着时间呈现出过时、乏味的感觉。室内陈设物分隔空间是改变空间情绪的有效办法，而陶瓷艺术的魅力更是烘托整个空间的氛围，提升整个空间的整体品质。

陶瓷饰品在室内空间的摆放和大小选择取决于摆放空间的功能和尺寸。比如公共空间中走廊的尽头、厅角、楼梯间或是墙面内凹的装饰位置，适合布置体积相对较大的落地陶瓷雕塑，夸张抽象的造型特征形成强烈的聚焦感，强化了空间的视觉冲击力，提高了周边环境的整体格调。成对的陶瓷摆件如将军罐、陶瓷挂画等则满足对称、方正的装饰效果，更适合办公室、客厅、书房的空间氛围，采用圆形的几何造型也是为了在方正的空间中形成对比，加强空间的细节变化。空间中陶瓷饰品的数量选择也是依据空间而定，可单独摆放，可对称装饰，也可多个组合，错落有致，

增加层次感。陶瓷饰品的出现，就是给人们以多视角、立体化的角度感受室内空间的情绪变化。其审美价值体现在建筑物体的内外墙壁的环境之中，与周围的自然景观和建筑风格相互融合（图1-26）。

图 1-26 电视柜摆件

（2）光

光是室内空间中特征最明显的元素之一。每个室内空间因需求的不同，通常都会选择不同效果的光线和亮度。光线既可以控制空间的明暗，也可满足空间的功能需求。针对不同室内的光线氛围，陶瓷饰品应考虑不同空间照明下环境寓意的特殊性，视不同的功能需求而选择。

一般中式餐饮空间往往渲染一种古老东方的神秘氛围，昏暗的环境下，往往适合呈现造型古朴实在、纹理粗野自然的陶制器皿或雕塑，微弱的光线反衬到陶瓷饰品的釉面，透出淡淡的造影，使人产生自然、古拙的年代之感。聚光灯下，光线明亮的酒店大堂，则更适合釉面清脆、干净、色彩绚丽的瓷器。如釉下五彩花瓶在强光的折射下，不但能满足观者清晰可见瓷器上每处花纹的精美绘制，同时瓷器与空间明度相合，调节人的视觉与触觉，让人产生轻松愉悦之感。

因此，合理的用光，无论是自然光还是人工用光，都能起到渲染和丰富室内环境的气氛，突显陶瓷饰品的造型轮廓，强化其表现力和感染力的作用（图1-27、图1-28）。

图1-28 陶瓷花器

（3）色彩

室内色彩的处理，即室内空间六个界面的色调应相互配合，固有色彩与装饰色彩应互相呼应，保持空间整体色调的和谐统一。室内环境的装饰色彩多数是受陈设饰品的影响，而陶瓷饰品的色彩在室内空间的装饰中扮演着不可或缺的角色。室内空间的整体色调中，陶瓷饰品的颜色既可作为引导整个空间色调的主体色，也可作为点缀色彩丰富空间的情感色彩。

陶瓷饰品受自身色彩的主导，诠释着不同层面的装饰内涵，带有鲜明的个性特征。陶艺家利用釉料的化学属性与火搭配，制造出各种质感不一的釉色效果，或细腻柔滑，或粗犷朴质，或鲜艳明快，或稳重深沉。因此在搭配装饰陶瓷时，应注意它的色彩倾向是否与室内环境的基调相符，错误的色彩搭配只会造成视觉的不适。鲜艳的彩绘适合摆放在深色调的空间环境，青瓷则适合放置在素雅浅色调的环境，青花瓷则适合颜色浓烈、视觉对比强烈的色调状态，而黑瓷则适合幽静昏暗、氛围凝重深远的色调状态下。

陶瓷饰品的色彩与室内空间的关系往往是引起欣赏者情感共鸣的关键所在。恰当的陶瓷色彩装饰空间，不仅能让人获得视觉上的愉悦享受，还能在不同的色调中，隐喻出不同的心理内涵（图1-29~ 图1-31）。

图1-27 玄关陶瓷摆件

图 1-29　白色调的客厅陶瓷摆件

图 1-30　咖啡色调的书房陶瓷台灯

图 1-31　绿色调环境中的绿釉将军罐

Note：

图1-32 "莲香竹语"茶室 卢志刚

（4）声音

声音是隐性的但又独特的装饰元素。不同质感的物品在呈现的过程中，会激发人们对于物品本身所创造的声音想象。空间中的声音，可以是物品本身音效创造的联想效果，也可以是空间声音与物品材质所结合的氛围感。

陶瓷陈设品在空间声音的互动中体现出多样的情感色彩。在喧闹的酒吧，镀银或镀金釉面的陶瓷陈设散发出最适合整体氛围的金属感、刺激感。而清幽的山间茶室，则适合挑选陶塑的陈设品或茶具，当茶具在使用者的手中轻轻碰撞时，其音质低沉粗犷，余音悠扬，与茶室文化相融相生，呈现历史的痕迹。艺术陶瓷的陈设体现了对空间声音的再次诠释，呈现出对生活的态度，既是一种高质量的生活形式，也是感受历史沉淀的艺术表达（图1-32、图1-33）。

1.4.2 陶瓷饰品设计与人文环境

现代艺术对形式的领悟，乃是艺术走向生活，与生活相结合，与设计相结合的过渡和开端。低碳、环保、健康、自然、舒适，追求文化和时尚内涵成为现代人对于家居环境的生理和心理需求。陶瓷饰品是满足使用功能和精神表达的一种艺术展现形式，也是一种节约成本和满足使用者个性需求的实用技术，是艺术和生活的完美结合。

不同空间的个人情感需求要求选择更多更为贴切主题的陶瓷陈设。适度的陶瓷元素往往能合理地呈现使用者的个人品位和生活态度。陈设品能够反映出个人的性格爱好、文化水准及审美修养。在家居环境中，陈设品在家居空间氛围中展现感性、知性的方方面面，使艺术审美活动与日常生活融为一体。结构与空间因素制约着居室空

图1-33 陶瓷鹦鹉

间，常令人们感到单调紧张，同时也压抑个性，陈设品的存在就可以缓解这种制约和约束，调和人们的身心感受。

现代城市生活中，人们的生活空间处处充满了现代家具和家用电器等机器加工的痕迹，在视觉和心理上使人们感觉到紧迫和压抑，陈设品就成为了人们的"寄托"，人们希望通过它来缓解这种紧迫和压抑。工业化批量生产的一些物品，令人乏味，不符合现代人追求个性与时尚，注重文化内涵和低碳环保的要求，以及崇尚自然并渴望回归自然的心态。与此不同，陶瓷艺术的自然特质显示出一种自然和谐、纯真质朴的生活味道，把人的因素与自然材质的美感恰到好处地融入了家居环境，不仅缓解了人们生理和心理上的单调和紧张，也给室内气氛营造了低碳环保的自然氛围。陶瓷陈设品的品位和装饰性，使得家居环境更具文化性与时尚性，反映出人的审美修养和精神内涵，并且也实现了家居环境低碳环保、自然质朴的高品质（图1-34、图1-35）。

图 1-34　中式卧房花器

图 1-35　欧式酒店玄关摆件

1.5　陶瓷饰品设计与室内风格特点

　　风格是一种设计流派。受多种因素的影响，不同的文化背景、民族习惯、职业内涵在岁月的变迁中逐渐发展升华，与室内环境交融，形成多元化的室内风格。风格，是陶瓷造型设计的形式和艺术特色带给人们的统一感受。根据不同的室内风格去挑选合适的陶瓷饰品，既能体现当代社会审美的趋向，也是陶瓷饰品与现代居住空间结合的有效途径。

　　室内空间环境有不同的风格，如古典风格、现代风格、中国传统风格、乡村风格，或朴素大方，或豪华富丽等。陶瓷陈设品本身的造型、色彩、图案、质感均具有一定的风格特征，因此它的合理选用对室内环境风格起着直接的强化作用。

1.5.1　现代风格

　　现代风格重视简约与功能的结合，追求使用的舒适性，善于为生活减去繁琐、多余的细节。欧美现代风格的室内设计，多选用现代感很强的组合家具，室内颜色一般不超过三种，常选用黑、白、灰经典色系，室内陈设主要强调造型简洁、抽象、明快的特点。因此陶瓷饰品多选择造型简洁、色彩统一的款式，如金属质感强烈的镀金釉面瓷器或是单色釉方形、长方形和三角形等各种异形瓷器，尽可能做到简洁和抽象，以求拉近空间的共同性，给空间带来更为持久的美感，更好地突显现代简洁的风格主题（图 1-36 ～图 1-39）。

图1-36 现代简约风格餐厅摆件

图1-38 现代风格餐桌摆件

图1-37 现代简约风格客厅陶瓷饰品

图1-39 现代风格电视柜摆件

1.5.2 欧式古典风格

　　最典型的古典风格是指从16、17世纪文艺复兴运动伊始到17世纪后半叶至18世纪的巴洛克及洛可可时代的欧洲室内设计风格，其室内装饰以纵向线条为主。在传统的古典风格家居设计中，总是少不了陶瓷摆件的身影。古典风格讲究整体效果，装饰相对复杂，以华丽的装饰、浓烈的色彩、精美的造型实现雍容华贵、豪华富裕的装饰效果。

　　古典风格的陶瓷饰品，往往体形较大，底色厚重，表面多绘制华丽的枝形、鱼鸟、人物、建筑等图案，色彩浓郁、强烈，以白、黄、金三色系为主，追求视觉的变化和层次感。陶瓷饰品布局多采用对称的手法，常选用成套的陶瓷餐具或陶瓷茶具，与水晶或质感舒适的纯麻、精棉、真丝、绒布等天然华贵面料搭配，体现典雅、亲切、舒适、浪漫的特点（图1-40～图1-43）。

图1-40 欧式古典风格陶瓷饰品

Note：

图 1-41 欧式古典陶瓷饰品

图 1-43 陶瓷饰品装饰的欧式古典风格客厅

1.5.3 田园风格

田园风格倡导"回归自然"，美学上推崇"自然美"，认为只有崇尚自然、结合自然，才能在当今高科技快节奏的社会生活中获取生理和心理的平衡。这种室内装饰风格注重对自然山野风味的追求，陶瓷陈设品强调奇异浪漫、古拙朴实的装饰效果。原始色彩的泥罐或是表纹粗犷的陶罐都能直接地展现出田园风格中的大地文化。

常见方法包括使用白榆等材料制成的保持天然本色的橱柜和餐桌、藤柳编织的沙发椅、草编地毯、深蓝色民间印花图案的窗帘和窗罩等，也可在白墙上挂风筝、挂盘、挂瓶、红辣椒、玉米棒等富于乡土气息的装饰物，还可以用有节木材、方格、直条和花草图案以及朴拙的干燥花、干燥蔬菜等来装点细节，共同营造出室内空间环境朴素的情调（图 1-44 ～图 1-47）。

图 1-42 欧式古典陶瓷凳子

图 1-44 田园风格空间陶瓷饰品

图1-45　美式田园风格客厅花器

图1-45　华源轩"白色乡村"系列英式田园配饰

图1-47　美式田园风格餐厅花器

1.5.4 新中式风格

中式室内装饰风格有着强烈的庄重感和优雅感，配置仿古花瓶，极显气派与尊贵。因此在陶瓷饰品的色彩上通常选用庄重的红色系，搭配一系列古意浓重的装饰纹样或装饰配件来形成整体氛围。其造型元素多是模仿中国传统建筑、传奇人物、吉祥器物或地方风貌等。表面纹样用贴花或手绘图案做装饰，如绣上"福""禄""寿""喜"字样或龙凤呈祥之类的吉祥图案等，再配以红、黑、宝蓝等色彩，显得既热烈又含蓄，既浓艳又典雅。配件以绸、缎、丝、麻等软性织物，红木或仿红木制的圆形底座，或莲蓬、枯枝、葫芦、中国结等具有中国特色的物品为点缀。丰富和完善中式风味的陶瓷陈设品，即可产生很好的强化装饰风格与美化室内环境的效果（图1-48～图1-51）。

此外还有地中海风格（图1-52）、东南亚风格（图1-53）的空间陶瓷饰品。

图1-48　新中式风格餐厅饰品

图1-49 华源轩"一品榆"新中式系列配饰

图1-51 新中式风格客厅陶瓷饰品

图1-50 新中式风格茶几饰品

图1-52 地中海风格客厅陶瓷饰品

图1-53 东南亚风格客厅饰品

1.6 陶瓷饰品的空间运用

1.6.1 陶瓷饰品在住宅空间中的运用

陶瓷饰品是住宅空间中常见的装饰品。当代陶瓷饰品的发展适应社会发展特征，饰品的整体设计逐步由仅满足物质需求向物质、精神双重需求迈进。

在繁杂的、物质横流的现代城市生活中，人与物的关系不仅是种使用关系，也是一种情感关系。在住宅空间中，艺术瓷和日用瓷在住宅空间中的界限日渐模糊。过去，陶瓷材料出现于住宅空间中多是日用陶瓷居多，注重物品的使用功能。现在，随着室内装饰的兴起，陶瓷饰品的装饰作用逐渐引起人们的重视，物品作为人在空间的情感表达，人们追求实用功能的同时也注重其审美情趣的表达（图1-54~图1-56）。

选择与住宅空间相匹配的陶瓷饰品时须考虑以下几点：

①陶瓷饰品与家居的整体协调性。既要考虑家具款式、颜色，亦要符合空间的和谐、韵律和氛围等。

②注重以人为本的设计理念。装饰品的风格要符合主人的生活情趣和文化修养，才能扩大装饰品的内涵意义。

③提倡锦上添花，切勿装饰过度。协调陶瓷饰品与其他材料饰品的装饰整体效果，避免"繁"且"杂"，打乱住宅的主体装饰风格。

现代家居装饰中，空间的舒适化、合理化、优质化直接影响室内空间环境的氛围，运用与室内装饰风格相协调的陶瓷饰品进行装饰或日用，既可以点缀环境，又可以悦人耳目。

图1-54 陶瓷饰品在住宅空间（书房）中的应用

图1-56 色釉瓷板与装饰陶壁 张玉山

图1-55 《夜空思念之二》 居室过道高温色釉瓷板 张玉山

1.6.2 陶瓷饰品在餐饮空间中的运用

餐饮空间提供人们用餐的环境,餐饮空间的特点主要表现在集中性、多样性、功能性方面。

餐饮空间的集中性表现为,有相同餐饮文化的人们集中在同一空间用餐,有相近的饮食文化。多样性指的是餐饮空间的主题环境呈现多样化的趋势,各类主题餐饮空间的涌现,为人们提供了丰富的用餐体验。餐饮空间最重要的功能就是提供人们就餐的场所,接待空间、休息空间、会议空间也是餐饮空间中的辅助功能。

餐饮空间的特点决定了陶瓷装饰饰品的选择,在特定的功能环境下,陶瓷饰品主要集中在陶瓷餐具、陶瓷茶具、陶瓷陈设艺术品、陶瓷装饰砖等方面。陶瓷装饰品的选择根据餐厅的整体设计主题、各民族餐饮文化等而定(图1-57、图1-58)。

图1-57 长乐春天柠檬餐厅陶瓷隔断

图1-58 餐饮空间的陶瓷灯饰

1.6.3 陶瓷饰品在办公空间中的运用

办公空间区别于其他空间,它的区域主要分为办公、走廊、会议、接待部分。陶瓷陈设饰品要符合公司的形象定位,除满足基本装饰功能外,也须考虑陶瓷摆件的风水意蕴,讲究陶瓷饰品的趋吉避凶(图1-59、图1-60)。

家居陶瓷饰品与办公空间陶瓷饰品相比较而言,办公空间的陶瓷饰品规格较大,因人员流动频繁,要注意对陶瓷饰品的完整保护,避免破损。

图1-59 昆山龙海建工办公室 蒋国兴

图1-60 步步高升流水器 办公空间陶瓷饰品

Note:

1.6.4 陶瓷饰品在娱乐空间中的运用

娱乐空间是生活中娱乐消遣的场所，是休闲聚会、欣赏表演、运动健身的空间。从使用性质出发，营造一个轻松惬意、愉悦欢畅的氛围是娱乐场所应有的精神表达。

陶瓷饰品在娱乐空间的选取运用中，在材质、色彩、体量各方面须综合考虑。娱乐空间的饰品较为丰富，具有趣味性、主题性、多样性等特点。

陶瓷饰品的趣味性主要指通过饰品的色彩、形态引起愉快的情绪，从中感到趣味。趣味是一种审美感知，通过对陶瓷饰品的综合考量而产生的感受。主题性的饰品给予人强烈的体验感受，结合空间的陈设定位，遵循设定的主题选取陶瓷饰品，追求整体的一致和协调，突出主题特色和个性表达（图1-61）。

1.6.5 陶瓷饰品在其他空间环境中的运用

陶瓷饰品的运用不受限于特定的空间，基于陶瓷材料的属性，室内外空间皆可运用（图1-62、图1-63）。在公共环境空间中，陶瓷以装饰景观的形式出现，用独有的"瓷"性或"陶"性语言引悟大众，以成为标志性景观为理想。

Note：

图1-61 长沙凯宾斯基酒店二楼走廊陶瓷饰品

图1-62 软装品牌陶瓷饰品展示区

图1-63 茶店陶瓷饰品展卖区

荷花瓷器摆件

PART 2

陶瓷饰品材料简介

陶瓷材料是人类运用天然原料，如岩石、黏土矿物、石英等通过高温烧结而成，是典型的硅酸盐材料。

陶瓷材料是人类运用天然原料，如岩石、黏土矿物、石英等通过高温烧结而成，是典型的硅酸盐材料。陶瓷材料的出现对人类生活和文明都产生了重要的影响。近20年来，陶瓷材料已有巨大的发展，在建筑陶瓷、日用器皿、美术陶瓷和各种工艺品中广泛应用。

陶瓷包括陶器、炻器、瓷器。原始材料经过加工焙烧后，形成了开口气孔，因此它有较大的吸水率。吸水率大于10%的陶瓷称为陶器，吸水率小于0.5%的陶瓷称为瓷器，吸水率介于陶器与瓷器之间的陶瓷则为炻器。

图 2-1　陶质风水装饰罐

2.1 陶器

陶器是用黏土或者陶土经过成型后直接烧制而成的器物。最早的陶器是手工制作的，再用篝火烧制而成，亦称为"土器"。后期的陶器制造发展出制陶工具，包含陶轮、转盘、滚筒、切割等制陶工具。陶器胎质粗疏，切断面的吸水率较高，经过高温焙烧，胚体坚固致密，古朴自然的色彩、肌理诠释了陶器的品性（图2-1、图2-2）。

2.1.1 粗陶

粗陶是历史最为久远的陶器，原料为基础的黏土。由于黏土高温焙烧后的收缩性大，一般在原料中加入砂或者是熟料进行混合，以减少黏土的收缩性。粗陶的吸水率需要控制在5%~15%，黏土之间的孔隙率过大，则会影响物体的抗冻性能；反之，会影响混入砂浆的黏结度。

粗陶的烧制温度为1200~1280℃，制品的特点是孔洞少、质地坚硬，其外观的触摸质感粗糙。粗陶材料制品根据陶土的不同配比，可表现出质朴、粗犷等不同的艺术美感。

粗陶的表体部分装饰加工大致分为两类：表体加工和花纹装饰。

陶坯在未完全干燥的情况下，运用坚硬顺滑的工具对器物的表面进行旋转打磨，使其呈现出

图 2-2　东南亚风格陶质台灯

材料肌理的美感。素陶坯上涂抹陶衣，陶衣的颜色取决于不同的原料，经过高温窑烧后，便是常见的彩陶。

粗陶的花纹装饰是用特定的工具，通过压刻、剔刻、镂刻等方式将花纹印刻在陶坯上，也可用泥条堆积纹样方式对陶坯进行装饰（图 2-3~ 图 2-6）。

2.1.2 精细陶

精细陶的胎体原料细腻，优质莹润，分为施釉烧制和不施釉烧制两种。施釉的细陶是在坯体表面施加一层玻璃矿物质，经过窑烧后，陶瓷制品的表面光滑，不易渗水。精细陶对外观质量要求较高，对器物的变形、斑点、落渣都有严格的标准，吸水率不大于 13%，釉烧温度为 1240~1280℃，素烧温度为 1060~1150℃。精陶主要应用于礼品、工艺品的制作，以荣昌和坭兴细陶制品为代表作（图 2-7）。

图 2-3　粗陶茶具

图 2-4　粗陶茶具　喻建铭

图 2-5　粗陶饰品

图 2-6　鱼形粗陶灯具

图 2-7　广西钦州坭兴细陶茶叶罐

图 2-8　紫砂茶具

图 2-9　紫砂茶宠

图 2-10　悟　紫砂雕塑　赵炎

图 2-11　豹纹紫砂壶　葛军

2.1.3 紫砂

　　紫砂属于细陶。我国著名的紫砂器的原料是一种名为"紫金土"的黏土，其中氧化铁的含量在 10% 左右。紫砂器物的原始泥料主要有紫砂泥、朱泥、乌泥、白泥等，利用泥料本色烧制而成，制作过程中不上釉料，成品体现古朴、文雅的砂质效果。

　　紫砂茶壶有"世间茶具为首"的美誉，它的器形与色彩整体统一，呈现自然美。中国的传统观念中主张"天人合一"，顺应自然，紫砂茶壶自古就深受文人墨客的喜爱。紫砂茶壶以宜兴的最为著名，宜兴紫砂壶用之泡茶，既有茶香渗出，亦无熟汤气，是饮茶器具之优选（图 2-8~图 2-11），此外还有云南建水紫砂（图 2-12、图 2-13）和广西坭兴紫砂（图 2-14）。

图 2-12 云南建水紫砂茶具　　　　　　图 2-13 云南建水紫砂花器　　　　　　图 2-14 广西钦州坭兴细陶茶壶

2.2 炻器

炻器又称"缸器"，材质介于"陶器"与"瓷器"之间，出现于"半瓷半陶"的阶段（如图2-15）。

炻器原始坯料的成分含有较多伊利石类黏土，上釉与不上釉的制品烧制后均不透明、不透水，吸水率低，在 3% 以下，抗无机酸的腐蚀，抗冲击。

炻器分为粗炻器和细炻器。两者的烧结温度为 1250~1300℃，无透明度。不同之处在于粗炻器的吸水率为 3.5%~4%，细炻器的吸水率为 0%~1%，更为细腻。

炻器在吸水率、物理性能、烧成温度等方面与瓷很相近；其表层外观上呈现的不透明又与陶相近，是一种"半陶半瓷"的陶瓷制品。

图 2-15 炻瓷餐具　湖南华联瓷业股份有限公司

2.3 瓷器

瓷器是以瓷石、石英石、高岭土等为原料经过上釉烧制而成，釉料是依附于陶瓷坯体之上的玻璃质层，或者是晶体的混合层。早期的釉料成分含有炭灰、钙石头、贝壳粉等原料。随着釉料的不断发展，现代日用陶瓷生产使用的釉分为两大类，石灰釉和长古釉。

从陶器发展至瓷器，是陶瓷史上的第一次发展飞跃。在原料配方上，瓷器中含有玻璃相物质，透光性较好。在焙烧的过程中，釉料的流动性形成了肌理图案，上釉的坯体经过窑烧、冷却后，更加坚硬，表面光滑的质感凸显瓷器的气质。

景德镇以青花瓷闻名于世界，湖南醴陵、河北唐山、广州石湾、山西长治、河南禹县等地是瓷器的著名产地。随着瓷器的不断发展，瓷器的种类增多，工艺技术水平的提高也给瓷器带来了更多的创作可能（图 2-16、图 2-17）。

Note：

图 2-16　鬼谷子下山元青花

图 2-17　荷花瓷器摆件

图 2-18　德化白瓷雕塑骏马

图 2-19　德化白瓷雕塑马头

2.3.1　细白瓷

细白瓷是以含铁量低的瓷坯，施以铁元素含量小于 0.75% 的釉料，釉料均含有氧化铁，器物根据氧化铁的含量呈现深浅不一的青色。选择含铁量低的瓷土和釉料进行加工，入窑经高温，就能烧制白瓷。其胎体紧密，胎色纯白，唐代邢窑白瓷中的细白瓷"似雪类银"，其素雅的美成就了诸多装饰品（图 2-18、图 2-19）。

（1）硬质瓷

硬质瓷具有较高的机械强度，釉面的硬度大。软质瓷与高温强化瓷的区别在于烧成温度和含铝量不同，一般以 1200℃ 左右为界限。1280℃ ~1400℃ 烧成的瓷器属于硬质瓷。硬质瓷含铝量高，胎体强度、光洁度高于软质瓷。细白硬质瓷在日常生活中运用广泛，青花瓷就是其典型代表（图 2-20、图 2-21）。

（2）软质瓷

软质瓷是对比硬质瓷而言的，在 1200℃ 以下烧制的瓷器属于软质瓷，坯体中含有一定比例的玻璃，与硬质瓷相比较而言，质量轻、透明性好。实际陶瓷材料中，骨灰瓷、熔块瓷都属于软质瓷。

图 2-20　皱褶瓷茶具

图 2-22　硬质瓮盒　赛夫勒（法国）

图 2-21　青韵绕　青花瓷瓶　白明

图 2-23　英国 Wedgwood 骨质瓷茶具

2.3.2　骨质瓷

　　骨质瓷简称骨瓷，学名骨灰瓷，是由黏土、长石以及动物的骨灰炭为基础原料烧制而成。由于原料中含有骨粉，降低了黏土的黏性，给成型制作带来难度。骨质瓷要经过两次烧制，第一次是将坯体素烧，骨瓷的收缩率高达 20%，坯体较为容易变形。第二次是低温釉烧，将研磨后的表面用喷雾器喷油进行 1150℃左右的釉烧，整体工艺复杂，难度高。

　　骨质瓷产生于英国，长期以来是高档陶瓷的代表，是瓷器之王，具有较高艺术价值。我国骨瓷的主要产地为河北唐山、山东淄博、山西平阳等地（图 2-22~图 2-25）。

图 2-24　英国 Wedgwood 骨质瓷杯

图 2-25　骨质瓷禅茶具　张玉山

2.3.3 强化瓷

　　高强度陶瓷原料烧制而成的瓷器称为强化瓷。强化瓷是在优质的瓷原料中加入镁、铝等成分物质，经过1340℃的烧制，在高温中瓷料与镁、铝等物质结合，而产生的高强度瓷器。

　　强化瓷多用于日用瓷，它具有釉面硬度高、热稳定性能高、机械强度高等优点，能耐受刀叉的磕划，是日常器皿的优选（图2-26～图2-28）。

图 2-26　KC 强化瓷情侣餐具　"年年有鱼"

图 2-27　宋代定窑细白瓷孩儿枕

图 2-28　江苏高淳陶瓷股份有限公司生产的 APEC 会议万福宝磬（黄）系列珐琅彩硬质瓷　黄春茂

2.3.4 青白瓷

青白瓷是我国宋代景德镇匠师烧制的青白呈色瓷器的统称，因其釉色介于青釉与白釉之间，青中藏白，白里露青而得名。青白瓷胎薄，透光见影，因此也得名"影青瓷""隐青瓷""映青瓷"。北宋时期景德镇创烧的高温釉，产出众多优质的青白瓷，形成了宋元"青白瓷窑系"中心（图2-29、图2-30）。

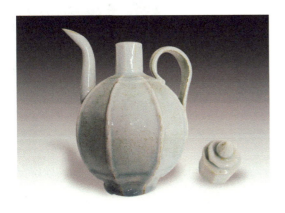

图 2-29　宋代青白瓷壶

图 2-30　双龙装饰瓷瓶

2.3.5 特种陶瓷

特种陶瓷又名精细陶瓷，其烧结成型的温度高达 1380℃，具有高稳定性。

按化学成分分为氧化物陶瓷和非氧化物陶瓷。

氧化物陶瓷包括氧化铝、氧化镁、氧化锆等，其性质不能承受烧结时温度的剧烈变化，影响材料的机械性能。氧化物陶瓷一般用于陶瓷手表饰品等方面，陶瓷手表的特点是高硬度、不生锈，化学性能稳定，经久耐用（图2-31）。

非氧化物陶瓷主要包括氮化物陶瓷、碳化物陶瓷等。它具有优异的高温强度，接近于金属的热传导率，可以用作耐高温结构材料，如发动机的零件等。它作为高温结构材料的前景非常广阔。

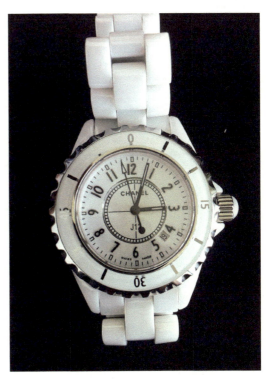

图 2-31　香奈儿全陶瓷外壳手表

船形组合

PART 3

陶瓷饰品系统化设计

系统化设计是把所要研究的对象放在整个陶瓷设计的系统之中，以最优化的、最有效的管理和控制来进行陶瓷产品设计。

20世纪40年代以来，在各个学科不断渗透与融合中，人们的审美及对设计文化的认识趋于多元化，陶瓷设计也在这种环境的影响下，融入现代生活方式、生存环境，以及生产效应和社会效应等相互作用的系统之中。因此，陶瓷设计的方法也应该是系统化的。

3.1 室内陶瓷饰品设计的美学原则

室内空间中，自然因素、人文因素以及整体的风格基调都是决定室内陶瓷陈设品合理性的重要标尺。设计师通过协调纹样、色彩、质地等与其功能的关系，对具体的使用者从年龄、性别到文化素养、兴趣爱好等诸多方面进行全面研究，以使最终的陶瓷陈设品设计满足消费者的真实情感需求。室内陶瓷陈设的风格在多数情况下是受多种空间风格制约的，因此必须准确地把握主题风格的基调，以保证陶瓷陈设品与不同风格空间相互协调的，视觉呈现上的统一性和完整性。

（1）统一性原则

陶瓷陈设艺术风格的统一是实现场合主题的重要前提和主要手段之一。以整个空间的设计基调为核心，从空间造型、光源、颜色、材质等方面选择适宜的陶瓷材质，根据室内空间的功能需求及鲜明的设计主题，敏感地抓住风格中的文化元素、地域倾向等人文特征进行陶瓷饰品的组合设计，使之有效准确地营造空间风格的个性气氛，促成空间整体的协调统一。当选择以陶瓷饰品为空间视觉焦点时，更应注意陶瓷元素与室内风格、周边其他陈设的匹配问题，确保彼此间的统一性（图3-1）。

（2）和谐性原则

和谐是多个要素间彼此稳定协调的互动关系。在选择或组合陶瓷饰品时要注意各种材质间的结合点和连贯性，形成整体的和谐氛围，实现空间画面整体的共融与协调。饰品设计也很有必要形成一定空间范围内的视觉中心，它是设计的重点，体现空间的主题与风格。在摆放陶瓷饰品时，须明确与周边陈设品之间的主次关系，选择正确的比例与远近关系。陶瓷饰品的空间基调，陶瓷表面纹样、肌理的不同可以反映使用者的身份与个性爱好，配合其他饰品的辅助作用，保持整个装饰画面的层次关系，可以共同烘托出整个空间的和谐氛围（图3-2～图3-5）。

图3-1　中式陶瓷摆件　景昌品牌

图3-2　艺术工作室LOFT空间陶瓷饰品

图 3-3 中式客厅陶瓷摆件

图 3-4 新中式瓷墩

图 3-5 欧式客厅陶瓷饰品组合

（3）均衡性原则

均衡性原则即围绕空间设计的主题，在特定的空间视觉范围内以某一点为重心，从陶瓷饰品陈设品各自的比例分配到立面构图的整体把握上求得与前后、左右及上下的均衡，从而形成空间构图的视觉平衡。陶瓷饰品在设计或是布置中往往采用对称的处理手法，以均衡规整的构图方法营造出空间庄重、稳固且相对静态的氛围，给人以稳定、平衡的即视感。但也要注意相同陶瓷饰品的规整摆放也会使空间产生枯燥呆板的效果。因此，除特殊的表现需求，空间在基本对称的布置基础上可进行布局调整变化，例如改变陶瓷装饰的色彩、纹理、尺寸、形态等等，打破绝对的对称，增加空间的灵动感，同时兼顾视觉上的整体性（图3-6～图3-9）。

图3-6　酒店玄关陶瓷饰品组合摆件

图3-7　床头陶瓷台灯

Note：

图 3-8　餐厅装饰挂盘

图 3-9　新中式案头陶瓷摆件

3.2 陶瓷设计的系统化

　　什么是陶瓷设计的系统化方法呢？就是把所要研究的对象放在整个陶瓷设计的系统之中，以最优化的、最有效的管理和控制来进行陶瓷产品设计的方法。

　　陶瓷设计的系统化方法的研究对象是整体。在一个完整的系统环境中，先从整体的研究开始，进入子系统后再逐渐深入具体设计。比如说酒店餐厅这一完整的系统环境中的陶瓷餐具的设计，就应当考虑所设计的餐具与酒店的整体环境气氛、象征意义、叠放洗涤以及使用便利程度等因素，这所构成的是一个功能整体。

陶瓷设计系统化方法还有综合性的特点。它在强调整体是由部分要素构成的同时，又要求都有各自目标的子系统必须从成分、结构、相互关系、历史发展等方面进行系统的综合研究。在整个大系统中固然是功能整体，在各个子系统中也都有相应的表现形式。这样层层分解后依旧与整体结构相联系，不可脱节。

陶瓷设计系统化方法的最终目标，就是设计的最优化，是最合理的一种设计方式和工作手段。因为在系统设计的过程中，须通过有关定量和定性的研究，并经过周密的调查、分析、评价，以及设计方案的筛选，在动态演进中协调好整体与部分的关系，使各子系统的功能和目标，服从于系统整体的最佳目标。

②设计应该使设计对象更加突出功能性，使之能最大限度地满足各项功能要求。

③设计的过程还要充分发挥主观能动性，在充分利用各种设计参考数据，科学分析的基础上，围绕着设计项目，与经验、直观设计相结合，主观灵活地应用。

另外，现代陶瓷设计还必须引入现代知识，诸如价值分析、市场调查、经济原则、造型原理、整体与环境、设计学、艺术学、美学、材料学、工艺学、社会学、人类学及哲学、伦理学等多方面学科知识。从整体与局部、系统与子系统的相互作用中，对传统的设计因素的内涵重新定位，赋予新的时代意义和更为深刻的表达。

3.3 系统化设计的类型和特征

随着生产生活水平的不断提高，陶瓷设计这一人类早期社会就已经开始的创造性活动也不断地被提出新的需求。人们在追求其实用性的同时，也逐渐强调象征性和审美性，还有它所带来的市场因素与环境因素，这就促使现有的陶瓷制品品种不断被重新开发，人们对新品种要求量变的同时也要求质的变化。因此，现代陶瓷设计有两种不同类型：

第一种是创造开发性设计。是创造和开发新的陶瓷制品的设计。

第二种是调整改良性设计。以改变某种陶瓷制品的局部结构，使之适应质和量两个方面的某些附加要求，或是对现有造型的结构配置和尺寸规格加以调整，使之符合新的需要。

科学技术、信息化不断地发展，陶瓷设计新的管理模式、新的生产方式也不断地出现。因此，陶瓷现代设计方法应具有的特征归纳如下：

①设计的最终目的和最高要求应该是突破传统，打破常规设计的局限来发展创新。

3.4 系统化设计的前提条件

系统化设计方法是保证陶瓷制品结构合理、预测准确性高、减少设计盲目性的有效措施，是帮助设计人员从事设计的一种合理方式。

但是，设计方法的系统化、科学化，并不能取代创造性的直觉活动。因此，系统化设计要有以下必要的前提条件：

①方法只是帮助人们合理地去选择目标、达到目标的一个辅助手段，它不能决定目标。

②方法是不能代替直觉、经验的。

③方法是减少盲目性的有效措施，是帮助陶瓷制品走向合理、规范,改善现实而实施的新步骤。

④设计师应该努力具备直觉维度、知识维度和工作维度三个方面的知识和能力（图3-10）。

Note：

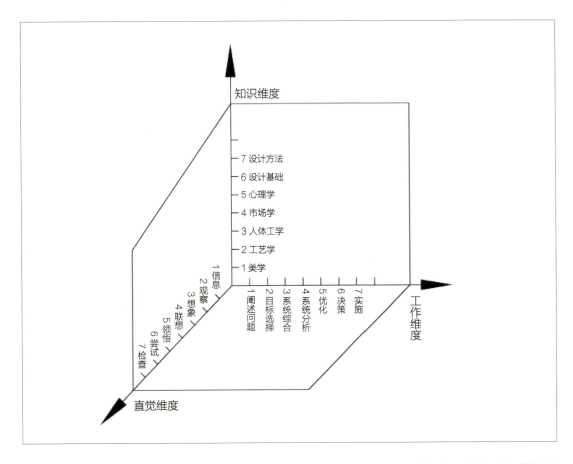

图 3-10　系统化设计的三维结构图

3.5　陶瓷饰品系统化设计的流程

　　整体、综合和最佳化地进行陶瓷产品设计的方法，要根据设计的目标而定。陶瓷设计的系统化方法的具体运用，是步骤与程序相互间作用和发展的过程。

3.5.1 阐明问题—制订规划

　　为了使设计具有明确的针对性，首先应该在设计任务提出后，阐明设计所涉及的各种问题，以及来自不同方面的问题和意见，充分考虑复杂多变的因素，再分析制定出相应的可行的设计规划。这样，对于因设计的开展而产生的各种因素的干扰，才能及时找到解决对策，设计才会有效进行（图 3-11）。

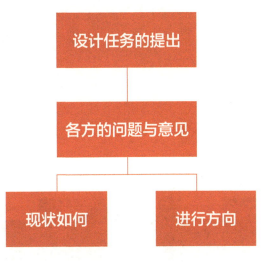

图 3-11　阐明问题—制订规划

3.5.2 选择目标—初步设计—设计草图

设计之初，选择目标后面对一张白纸，会感到无从下手。那么这就需要用草图来作为自己的研发工具。在落实想法的过程中，只要注意创意的表达，勾画出大致的设想，对线条、比例的准确性要求不高的草图就能很好地描述脑海中某些想法和创意，且可以在不断的补充、润色中使创意在现实中变为可能。用草图勾画创意的精髓，并作出以下阶段性概括：

①设计要求排除和解决现实与预期效果之间的各种矛盾，形成具体目标。

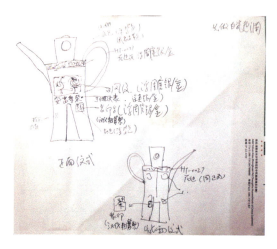

图 3-12 "楚韵·安富尊荣"茶具设计草图 张玉山

②目标确定和设计要求必须是平行进行的，不能割裂。

③任何设计程序都是从一般到特殊。

④随着设计要求精准性的提高，目标也更为明确，更可理解，更易被表达。经过前期的探索，应该对目标的设想加以系统整理、表达和检查，继而开始进入选择目标——初步设计阶段。

"目标"是一个设计的方向和终点。就方向而言，必须以一个计划行动的结果——图纸设计方案为目的。设计的构思，便是根据各种方法的不同组合、展开而产生的草图方案进行比较，有据可循，针对性强，容易拓展设计者的思路，又不至于使设计构思偏离实际目标。可通过草图勾画出各种应有的形态（图3-12），以及较为详尽的立体效果图，形成相对完整的草图方案（图3-13）。

设计的初始阶段，是一个艰苦且重要的探索过程。灵感往往突如其来，稍纵即逝。而这些草图能保证我们在灵感来袭时抓住创意的精髓，记录非常重要的初步构想。草图的作用就是把设计者的想法、创意具象化，而图表则是使目标与产品联系起来的设计手段，立体效果图为形态、比例、体量的研究提供了生动的视觉效果。

图 3-13 安富尊荣茶具正面效果图 张玉山

初步设计基本上是构思—研究—形式三个步骤的反复,三个步骤虽然在每个阶段所扮演的角色不同,但在整体创作表达时也是密切相关的。这种情况下,设计者的直觉就将起重要的作用。顺着已定下的目标,从脑海中提炼出创意并将其在纸上表现出来,才能找到解决问题的具体方法。

(1)材料探索

草图对描述与解释设计者关于作品的一些创意与想法有着较大的作用。通过接近现实的速写表达,在进行初步设计绘制时,随着设计者思维的变化,新创意灵感的不断涌入,作品也在不断地肯定、否定,以及研究与推敲。总之,在作品确定之前,都在探索无穷的可能。草图会随着量的增加以及绘制技巧的娴熟而不断进步,从而达到质的变化。特别是在对不同材料进行探索、不断实践后,更能增强设计者对草图的把握。比如说一支毛笔画出来的草图虽不如铅笔钢笔那么精准,但它也许就是创意所在(图3-14~图3-16)。

(2)草图的形式

勘查性草图由于在制作模型前考虑到作品的形状、大小、比例与线条,往往绘制时尝试多线条涂绘,以确定其正确的形体(图3-17)。解释性草图,顾名思义就是来解释说明作品的。这种草图在注重透视表现的同时,用简洁明了的线条阐述作品的创意及其使用方式,抑或是配合模型来表达,使观者对作品有更为直观的了解(图3-18、图3-19)。

设计阶段的草图有平面表达和立体表达两种表达方式。但无论采用哪种草图表达方式,对基本形态特征的探索都是最重要的。画草图速写还是随时记录设计灵感、搜集素材的最佳方式。通过草图速写结合简短的文字标注,最初的设计方案就呈现出来了。所以具有高度创造力的设计师,往往速写本随身带,或随手拿起身边的报纸、便签、卫生纸或是香烟盒画草图速写,时刻注意记录设计灵感,保持创作的常态化(图3-20~图3-24)。

图3-14 法国巴卡拉时尚产品品牌花瓶草图 杰姆·汉恩(西班牙)

图3-15 对陶瓷、水晶等材料进行组合运用探索

图3-16 原子弹石榴瓶 陶瓷、玻璃 杰姆·汉恩

图 3-20　芽茎束花瓶微型草图　安东尼·奎因

图 3-17　安东尼·奎因（英国）为韦奇伍德设计茶咖具的草图

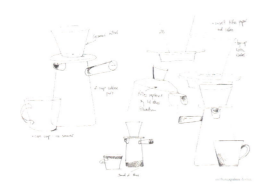

图 3-18　咖啡具设计解释性草图　安东尼·奎因

图 3-19　花瓶设计解释性草图　杰姆·汉恩

图 3-21　芽茎束花瓶　安东尼·奎因

图 3-22　陶瓷设计速写本　保尔·切诺维斯（美国）

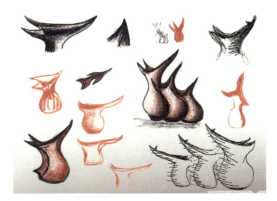

图 3-23　花器设计草图　马科斯·塔哈（美国）

图 3-24　花器　马科斯·塔哈

（3）设计的发展

　　设计的发展是指对于挖掘设计理念和创意有帮助的一系列行为。这是对创意的彻底研究，包括草图、头脑风暴、模型以及原型。设计发展的核心在于要不断地创新和创意。成功的设计，离不开设计的发展。在这个过程中，通过检查和提出问题，设定诸多挑战，使创意得到进一步的发展（图 3-25）。

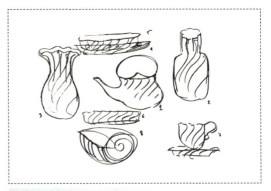

图 3-25　"贝壳"餐具系列作品　安东尼·阿内克（意大利）

（4）设计创意的头脑风暴

　　"通常头脑风暴作为一个集体行为时更为有效。包括了提出问题、批判，以及对于设计的口头意见（积极的和消极的），考虑潜在的问题，讨论改进方法，鼓励每个人提出意见，保持互动，熟悉这些评论和意见，提出建议，拓宽思路等。如此打破思维局限，提出的建议看似不切实际，但却能成为拓展最初创意的动力。当某种设计形式产生之后，仍需在不脱离设计目标的前提下，一方面进行反复调整，另一方面再寻求新的形式，只有在多种形式反复比较、调整的基础上，才可能逐渐达到比较满意的预期效果。"（图 3-26~图 3-29）。

Note：

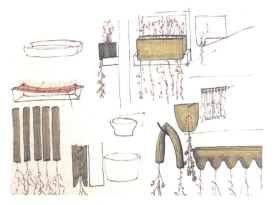

图 3-26　花插草图　安东尼·奎因

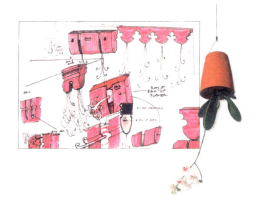

图 3-27　倒挂式花插草图与成品　安东尼·奎因

图 3-28　水壶罐设计草图　安东尼·阿内克（意大利）

图 3-29　水壶罐成品图　安东尼·阿内克

3.5.3　系统分析——综合评估

从前期设计的多种草图中，筛选出两到三种较为满意的方案作为待选，然后进行下一步——绘制精密细致的立体效果图，之后进行评审。参加评审时也应做好以下准备：

①调整草图的大小比例关系，使其与实物大小接近。

②细化草图，表达完整。例如一些装饰部位，要表达出它的装饰效果，抑或是其所使用的某些手法。

③补充简要的设计说明，来完整地表述设计内容及创意。

功能整体系统又由三个子系统组成：

①就内容而言，可分为物质实用系统和精神审美系统。

②从样式上可分为对象类型系统，即各种器皿在功能上是否便于使用。

③就生产而言，根据工艺系统是否能合理生产、包装、运输等进行判断。

3.5.4 整体表达——设计构图

当设计流程进入整体表达，即设计构图阶段时，意味着正式的设计开始了。作为具有承前启后意义的阶段，会保留之前所有一系列的设计计划、创意、草图，以及设计说明，之后作品发展的主干线也将围绕最优化设计而展开。

（1）构图的基本内容

陶瓷设计的结构与其形态表达的构图设计中包含着较为统一的视觉形象过程。陶瓷设计运用各种表现手法，以图纸的形式，并以一定的形态、结构、大小比例及装饰来充分表现设计的构想，形象地展示设计者的设计意图，便是陶瓷设计构图的基本内容。

制作陶瓷的材料、生产与加工工艺、结构功能和审美要求的不同，决定了构图的形式是不同的。从最初探索创意的草稿，到直觉上的色彩和样式，再到设计的进一步发展，不管是单件器皿还是配套器皿，作为设计对象本身，都具有以下共同的构图规律：

①陶瓷设计构图应该根据需要，展开多维度的形态与结构来表现各种形态，通过多视图与立体效果图的规范表达以及技法处理，表现三度空间（长、宽、高）（图3-30）。

②设计制品的功能与尺度上的联系决定了陶瓷设计的构图（图3-31）。

③设计构图必须建立在合理利用陶瓷材料及合理的生产工艺的基础上（图3-32）。

④设计构图必须具有特定的含义，适合特定的审美要求（图3-33）。

⑤设计构图应该是内容与形式、实用与审美、局部与整体的高度统一（图3-34）。

图3-30 "悟禅"茶具 3D 效果图 张玉山

图3-31 黄鹤楼方形茶具设计效果图 张玉山

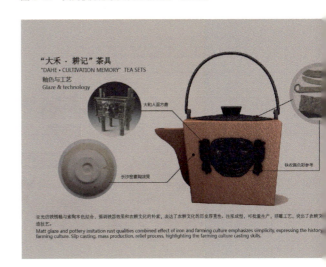

图3-32 "大禾·耕记" 茶具设计 张玉山

图 3-33　笙歌鼎沸——发光音乐椅　张玉山

陶瓷设计构图的表达方法中，平面多视图作图法使用居多，必要时增加立体效果图辅助表达。

这样多视图的表达，更加重视细节，能将复杂的信息以图片形式表达，既强化了设计表述的影响力，又能引起人们的关注。

考虑陶瓷制品的功能形式、实用审美与材料工艺等诸多因素，陶瓷设计构图可以分为以下几方面：

①空间体量关系。体量和空间关系的统一，是构图形式的决定性因素。这种关系，既对功能作用有影响，又能表现出审美形象要求。它所展示的形态，构成了体积空间的组合关系（图3-35）。

②材料与工艺。特定的陶瓷材料和工艺，是构成陶瓷器物最根本的物质基础和物质手段。在进行产品开发时，要使所设计的对象适于某种特定的材料和工艺，在设计制作时突出和强调这种材料工艺的特点（图3-36）。

③协调手段。协调手段就是运用形态结构的律动与平衡、重心和方向、张力与形式的意味，以及形的简化、比例、韵律、空间、光影变化等，来调整构图的形式，使之更趋合理与完美（图3-37）。

图 3-34　映像·岳麓茶具设计效果图　张玉山

图 3-35　船形组合　皮亚·帕斯洽夫（西班牙）

Note：

图 3-37　金凤飘香酒具设计稿　张玉山

图 3-36　静静的生活　安东尼·阿内克

图 3-38 蓝色系列盘子 米歇尔·米切尔（美国）

（2）体量空间组合的条件和类型

①体量空间组合的条件。构成这种条件的因素有两个——客观方面的因素和主观方面的因素。

从构图的形式上来看，陶瓷器物的一系列设计表达，大多都是近似几何体形态或几何体组合形态，是具有抽象艺术特征的一种抽象实物形态。

②陶瓷器物体量空间组合的基本类型。陶瓷制品的体量空间组合大致可以分为开放型和封闭型两种。

a. 开放型的内部体量空间所表达的是把器物的里面形状向外敞开。如盘、碟、碗、杯等扁平器物（图 3-38）。

b. 封闭型的内部体量空间指的是器物的内部空间被遮盖着，但是没有密封。如茶具、茶壶、茶缸（带盖），以及花瓶、陶瓷雕塑等等内部空间未密封的器物（图 3-39）。

图 3-39 "尘埃钻石"花器系列 安娜·伊泽·奥斯卡森（瑞典）

这种体量空间系列组合在构图形式上有以下基本规律：

a. 形式空间的完整与统一。陶瓷饰品在设计制作的同时需考虑特定的生活环境，并与之构成和谐统一的整体空间关系。

b. 既要抓准比例，又要考虑主次关系。在整体构图中考虑陶瓷制品的体量关系的同时，也要建立与其结构上的联系，从而产生主次关系分明、比例准确适当的艺术效果。

c. 多角度组合搭配。一整套的陶瓷制品在设计制作时，应全面考虑其在批量生产、收纳存放、使用便利等方面问题，这会使制品产生秩序井然的节奏感。

3.5.5 效果模型——决策定型

效果模型指的是与成品体量形态、结构比例相一致的石膏模型。效果模型的制作，是从平面到立体的转化，是立体思维的表现（图3-40）。

通常模型制作的材料会选择易处理、易掌握的，从而达到快速思索、快速制作，产生更多丰富多彩想法的效果。借鉴英国知名的瓷器品牌韦奇伍德的Jasperware装饰杯碟来进行压花浮雕主题和表面设计的试验（图3-41）。

效果模型在制作时，也有用泥及其他材料的，不过熟石膏粉使用居多。

手捏模型。以基础的手法迅速抓住作品中的精髓（图3-42）。

图3-41　Jasperware装饰杯碟　韦奇伍德

图3-42　制作海螺泥稿模型

图3-40　水壶罐效果模型　安东尼·阿内克

使创意变成三维实体的方法虽然是黏土、橡皮泥之类为最佳选择，但也可以选择使用卡片、纸糊（图3-43）。

2016年1月，巴黎举办的家居装饰博览会中展出的来自意大利的陶艺家卡托希·帕拉·帕罗尼托（Cartocci Paola Paronetto）设计的"cartocci"系列陶瓷饰品，就是与自然植物形状非常相似的纸黏土作品。这位陶艺家采用不同种类的纸张、纸板和黏土的混合物创作出了类似花朵的花萼、撑着小伞的蘑菇和银葵花等极具标志性形状的作品，自然而和谐，展现了瓷器制品的优雅品质（图3-44）。

效果模型扮演的是参照物的角色。它作为设计图形的实体说明，是在后期阶段决策时的重要参照物。但生产中的原始模型、过渡模型和工作模型的制作，是要等正式图纸出来后才能评审决策的。

3.5.6 设计图纸—设计实施

设计图纸到了设计实施阶段，就是要按一定的规范和方法，来绘制作为检验设计的生产制作图。设计图纸作为存档的技术资料，在绘制时要考虑其收缩率，即放大图形（图3-45）。

图3-43 茶具纸板模型

图3-44 纸陶艺 卡托希·帕拉·帕罗尼托（意大利）

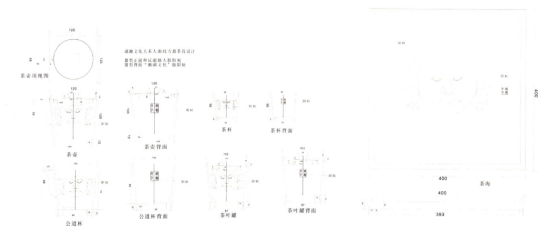

图3-45 湖湘文化大禾茶具工程图 张玉山

3.5.7 数字化技术在陶瓷设计制
作中的应用

数字化设计是 20 世纪 90 年代发展起来的，指利用先进的计算机软硬件，辅以数字化信息手段，支持产品建模、分析、修改、优化及生成设计文档的相关技术的有机集合；是一种以计算机为工具的系统化、集成化的现代设计手段。

计算机辅助设计利用计算机及其图形设备帮助设计人员进行设计工作。英文为 computer aided design，简称 CAID 或 CAD。

CAID 是以现代信息技术为依托，并和数控加工、快速成型、模型制作、模具生产相联系，以数字化、可视化为特征的计算机辅助工业设计方式。其目的是提高效率，增强设计的科学性、可靠性，并适应信息化的生产制造方式。

综合设计已成为当今设计潮流，计算机辅助工业设计出现了 CAD/CAM（计算机辅助制造）一体化的趋势。同时软件更趋向专业化，未来的 CAD 技术将向着专业化、集成化、智能化、网络化、可视化、并行化和标准化的方向发展。

CAID 主要包括数字化建模、数字化装配、数字化评价、数字化制造以及数字化信息交换等方面内容。

随着数字化技术的不断发展，各种设计软件为陶瓷设计师提供了全新的表现手段和创作条件，给陶瓷业注入巨大的生命力。传统艺术与现代技术的融合，将加快传统产业的发展，成为未来的重要发展方向（图 3-46）。

图 3-46-1 数字建模的花插设计

图 3-46-2 数字建模的花插设计

（1）数字化建模设计

①计算机辅助陶瓷装饰花面设计。

A. 与手绘结合的设计。操作流程如下：

a. 将传统手绘稿扫描到计算机中。

b. 在图形处理软件中进行修整。

c. 按形象元素分类建层。

d. 按画稿效果进行分层描绘。

e. 按设计需要进行特效编辑。

f. 按陶瓷器型进行形态构成的设计编排。

g. 整理合层。

B. 照片、图像的编辑设计。操作流程如下：

a. 将照片、图像文件传输、存储到计算机中。

b. 在图形处理软件中进行修整。

c. 按形象元素分类建层。

d. 按陶瓷器型设计编排。

e. 在软件中进行图形、线条的编辑绘制。

f. 在图形处理软件中进行效果编排。

g. 整理合层。

C. 全电脑陶瓷画面设计。操作流程如下：

a. 在软件中进行图形、线条的编辑绘制。

b. 在软件中进行阶调填充及特效绘制。

c. 整理、添加相关素材。

d. 按形象元素分类建层。

e. 按陶瓷器型设计编排。

f. 在图形处理软件中进行效果编排。

g. 整理合层。

（2）常用软件介绍

① Illustrator。

Adobe Illustrator 是 Adobe 公司开发的矢量图设计软件，在陶瓷装饰花面设计时使用较普遍。它具备丰富的操作功能，其简单快捷的绘图工具，清晰有效的图形效果，广泛应用于印刷出版、海报书籍排版、专业插画、多媒体图像处理和互联网页面的制作等，也可以为线稿提供较高的精度和控制，适合任何小型设计到大型的复杂项目。它与同为 Adobe 公司开发的图形编辑软件 Photoshop 具有较好的兼容性。

② CorelDraw。

CorelDraw 是一款平面排版矢量绘图软件，它可用作企业 VI 设计、海报设计、广告设计、包装盒设计、包装袋设计、宣传画册设计、书籍装帧设计、插画设计、名片设计、宣传单设计、展板设计、POP 广告设计、报纸广告设计、年历设计、服装设计、印刷设计等，也常常应用在陶瓷花纸设计中。

它与另一款矢量绘图软件 Adobe Illustrator CS3 的 AI 格式可相互导入导出。最新版本为 CDR X6。

③ Photoshop。

Photoshop 是由美国 Adobe Systems 开发和发行的应用最为普遍、功能最完善、设计领域最为广泛的图像编辑处理软件。Photoshop 主要处理像素所构成的数字图像。使用其众多的编修与绘图工具，可以有效地进行图片编辑工作。ps 有很多功能，在图形、图像、文字、视频、出版等各领域都被应用。它还可以结合三维软件进行三维效果图和影视动画渲染，是设计领域必备的专业软件。

④ 软件应用基本工作流程。

设计构思—素材输入—在 Illustrator 中进行图形、线条的编辑绘制—在 CorelDraw 中按基本器型进行初步结构编辑—在 Photoshop 中进行图像编辑、绘画填充、特效制作—在 Photoshop 中按配套器型进行系统化结构编辑—编辑修整—设计图稿存储输出（图 3-47）。

（3）陶瓷产品装饰花纸的电脑制版

计算机辅助陶瓷装饰花纸设计制版步骤如下。

①利用计算机进行陶瓷花纸的设计制版，是当今陶瓷花纸制版行业普遍采用的工艺手段。其周期短，成本低，工艺流程简化，操作简易快捷。

"楚风汉韵"功夫茶具花纸排版文件

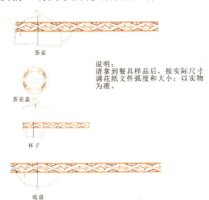

茶壶

茶壶盖

杯子

底盘

说明：
请拿到餐具样品后，按实际尺寸
调花纸文件弧度和大小；以实物
为准。

图 3-47 "楚风汉韵"功夫茶具 AI 格式花纸文件 张玉山

Digital Ceramic Tile Printing

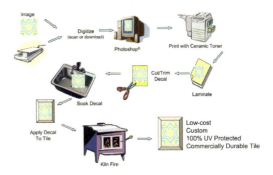

图 3-48 陶瓷花纸的制版与墙砖的烧制

② 使用的软件：Adobe Illustrator、Adobe Photoshop、PageMaker。

③ 装饰花纸制版软件操作流程如下。

a. 将设计好的陶瓷装饰花面输入到计算机中。

b. 在图像处理软件 Illustrator 中进行线条、轮廓、图形及文字制作，并设置基准线。

c. 转到 Photoshop，进行渲染填充、特效处理、通道编辑、分辨率调整、尺寸设置、分层编辑及细节处理等操作。

d. 按印刷色调要求，在 Photoshop 中进行通道设定及通道分离。

e. 将花纸小版稿文件转入 PageMaker 进行排版、编辑，增加色标和大版基准线。

f. 设定网点形状与角度。

g. 存储、输出、发片（图 3-48、图 3-49）。

④ 器型系列化装饰花纸设计制版。是指成套组件陶瓷产品的系列化装饰花纸设计制版。

（4）陶瓷产品造型计算机设计

陶瓷产品的造型包括形体结构造型和装饰图案造型两种。这里主要讲三维造型设计。数字化建模是由编程者预先设置一些几何图形模块，然后设计者在造型建模时可以直接使用，通过改变一个几何图形的相关尺寸参数可以产生其他几何图形，任设计者发挥创造力（图 3-50）。

图 3-49 智能花纸丝印设备

① 陶瓷产品的造型计算机辅助设计软件。

主要应用软件有：AutoCAD、3ds Max、犀牛（Rhino）、MAYA 等。

AutoCAD 是美国 Autodesk（欧特克）公司开发的自动计算机辅助设计软件，用于二维绘图、详细绘制、设计文档和基本三维设计，现已经成为国际上流行的绘图工具之一，可以用于工业制图、电子工业、工程制图、土木建筑、装饰装潢、服装加工等多领域。

犀牛（Rhino）是美国 Robert McNeel 和 Assoc 公司联合开发的 PC 上强大的专业 3D 造型软件，可广泛应用于三维动画制作、工业制造、科学研究以及机械设计等领域。它能轻易整合 3ds Max 与 Softimage 的模型功能部分，尤其擅长精细、弹性与复杂要求的非旋转体、曲面体造型 3D NURBS 模型。能输出 obj、dxf、iges、stl、3dm 等不同格式，并适用于几乎所有

图 3-50　数字化技术设计的陶瓷雕塑

3D 软件，尤其对增加整个 3D 工作团队的模型生产力有明显效果。

　　3ds Max 是加拿大 Discreet 公司开发的（后被 Autodesk 公司合并）基于 PC 系统的三维动画渲染和制作软件。适应于旋转体陶瓷制品计算机辅助设计。3ds Max 的制作流程十分简洁高效，3D Studio Max + Windows NT 组合的出现降低了 CG 制作的门槛，运用在电脑游戏中的动画制作与影视特效制作，最新版本是 3ds max 2017，常用于陶瓷产品的三维建模，效果真实（图3-51）。

　　MAYA 是 Autodesk 旗下的著名三维建模和动画软件。

　　②三维造型设计建模的主要流程。

　　将 设 计 线 描 稿 在 制 图 软 件 AutoCAD 或 3ds Max 中绘制后导入 3ds Max 生成立体效果图，并可以对陶瓷器物施加贴图材质编辑，渲染成最终的效果图。

　　先用矢量线条将陶瓷器皿的基本轮廓勾画出来，然后编辑修改轮廓线，使其达到要求，再进行渲染实物与材料的编辑应用。如将茶具的质

SNAHO

图 3-51　3D 建模的花插设计

感表现出来，通过渲染可以看到所设计的茶具不同方位的视觉效果。可见计算机图形辅助设计既可以将内心图形"速写式"地寥寥几笔表达出来，捕捉到瞬间的创作灵感，也可以精细刻画，达到思考的最佳效果。当然，平面造型、立体渲染图、灯光模拟设计等，这些都是作品的前期设计，这种表达技法是艺术设计的语言，也是传达

设计创意必备的技能，是设计全过程的一个重要环节。最后用 PS 等平面软件进行构图排版（图3-52）。

巴西设计师和 Holaria 设计工作室联合创始人鲁伊兹·皮兰达（Luiz Pellanda）将陶瓷工艺

与当代陶瓷产品中的计算机辅助设计技术融为一体（图 3-53）。

图 3-52　儒风宋韵——墨莊韵文化茶叶罐设计三维建模效果图绘制过程　张玉山

图 3-53　利用计算机三维建模设计的陶瓷器具　鲁伊兹·皮兰达（巴西）

（5）数字化制造

①智能化机器人雕刻。

机器人雕刻机电脑雕刻系统集扫描、编辑、排版、雕刻诸功能于一体，是 CAD/CAM 一体化的典型产品，能方便快捷地在各种材质上雕刻出逼真、精致、耐久的二维图形、浮雕及圆雕。该机器人运用多轴联动控制、轨迹插补、离线编程等机器人相关技术，并采用了 PCNC 硬件结构和控制软件，可应用于模具雕刻、产品雕刻和工艺品制作。

目前 6 轴机器人雕刻机已被广泛应用，而最先进的 7 轴机器人雕刻机也已出现和使用，可最大限度发挥灵活性，多角度完成对模型或实体的雕塑加工。无论从顶部、侧面加工，还是从下向上负仰角倾斜加工，都可以一次完成，提高加工效率和精度。7 轴机器人雕刻机系统是由一个工业机器人手臂控制电动主轴（该电动主轴在机械手臂可加工范围内可以任意角度进行操作），以及多轴自动编程 SmartMill 软件和用于控制机械手臂运行的 RobCode 软件组合而成，可实现复杂立体造型的自动化雕刻加工（图 3-54）。

图 3-54　7 轴联动智能机器人雕刻机

加工材质：木料、代木、树脂、保丽龙泡沫（EPS）、石膏、油泥及非金属的碳化混合材料。可广泛应用于雕塑制作、工艺品铸造、木雕、非金属模具等领域的加工。陶瓷生产行业可用于产品模型制作（图 3-55）。

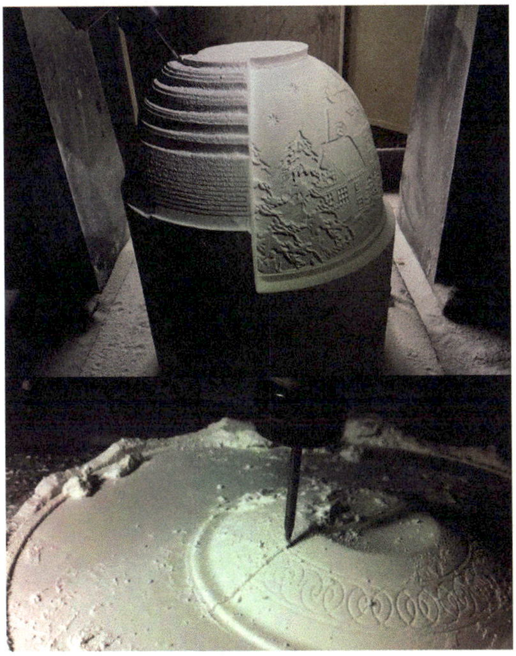

图 3-55　机器人雕刻机雕刻的陶瓷产品石膏模具

机器人雕刻机加工工艺流程如下。

a. 通过三维造型软件（如 ZBRUSH、FF 雕刻笔、3ds Max、Rhino、MAYA 等）设计得到产品的三维模型，或者通过三维扫描仪扫描已有样品得到三维数据。

b. 用多轴自动编程软件（SmartMill1.9）调入三维数据 (stl 格式）编出加工刀路轨迹，计算出加工代码 (G 代码）。

c. 用软件（RobCode）将 3 轴至 5 轴加工刀路转换成机器人雕刻运动轨迹程序。

d. 用软件（RobCode）控制机器人（也可同时控制旋转工作台或导轨上的移动基座）完成产品的雕刻加工。

② 3D 打印技术用于制作产品模型。

3D 打印（3DP）是快速成型技术的一种，它是一种以数字模型文件为基础，运用粉末状金属或塑料等可黏合材料，采用数字技术材料打印机逐层打印的方式来构造物体的技术。常在模具制造、工业设计等领域被用于制造模型，在当代工业生产中逐渐用于一些产品的直接制造。3D 打印被应用于工业设计、建筑、工程和施工（AEC）、珠宝、服装、鞋类、汽车、航空航天、牙科、骨科和医疗产业等各种领域（图 3-56 ~ 图 3-59）。

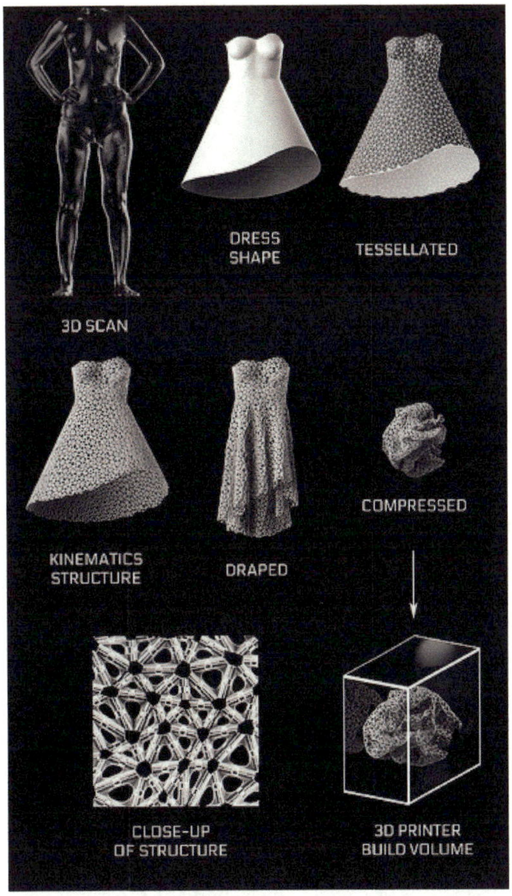

图 3-56　采用运动学进行数字建模和 3D 打印技术的服装设计

Note：

加拿大 Kor Ecologic 设计公司、直接数字制造商 Red Eye on Demand 以及 3D 打印制造商 Stratsys 合作完成的一款用 3D 打印制造的高燃油效率混合动力车。超过一半组件都是 3D 打印的，多数 3D 打印部件使用的是 ABS 塑料，Urbee 2 包含了超过 50 个 3D 打印组件，使用 Stratsys Fortus 900mc 3D 生产系统需要花 2500 小时。

图 3-57　Urbee 2（铀蜂 2）

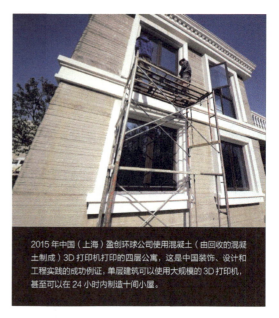

2015 年中国（上海）盈创环球公司使用混凝土（由回收的混凝土制成）3D 打印机打印的四层公寓，这是中国装饰、设计和工程实践的成功例证，单层建筑可以使用大规模的 3D 打印机，甚至可以在 24 小时内制造十间小屋。

图 3-59　中国 3D 混凝土打印的房子

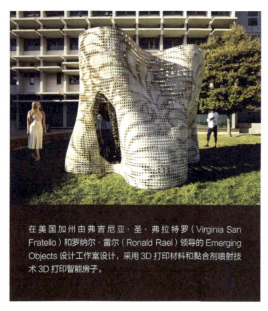

在美国加州由弗吉尼亚·圣·弗拉特罗（Virginia San Fratello）和罗纳尔·雷尔（Ronald Rael）领导的 Emerging Objects 设计工作室设计，采用 3D 打印材料和黏合剂喷射技术 3D 打印智能房子。

图 3-58　3D 打印的房子

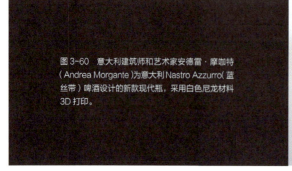

图 3-60　意大利建筑师和艺术家安德雷·摩咖特（Andrea Morgante）为意大利 Nastro Azzurro（蓝丝带）啤酒设计的新款现代瓶，采用白色尼龙材料 3D 打印。

包括先进陶瓷企业在内的很多工业生产中已经开发应用多种快速成型来制作模型，使用 CAD 数控设备为设计人员提供了更快速、更经济的产品模型制作。3D 打印原材料通常主要有 ABS（ABS 树脂）、PLA（聚乳酸）和 PVA（聚乙烯醇）三种树脂，石膏、塑料、尼龙、金属、枫木、陶瓷、水泥等，传统的造型、材料和制作工艺与现代化的纹理和技术和谐地融为一体。新的制作工艺成功实现了精致、快速成型的作品，让原始感的器具变身成为轻盈而精致的现代用具（图 3-60）。

③陶瓷 3D 打印。

一些陶瓷企业还使用聚合物树脂制作模具，但石膏材质与低温素烧陶瓷的感觉较为相似，且比树脂能更好地表现陶瓷设计。英国皇家道尔顿

公司则使用一种 CAD 控制的三轴研磨设备来切割半水石膏。先进的 CAD 制模不仅减少了实物大模型转换的时间，还能制出大量不同的、复杂的表面纹样与肌理，这是用传统方法难以做到的（图 3-61）。

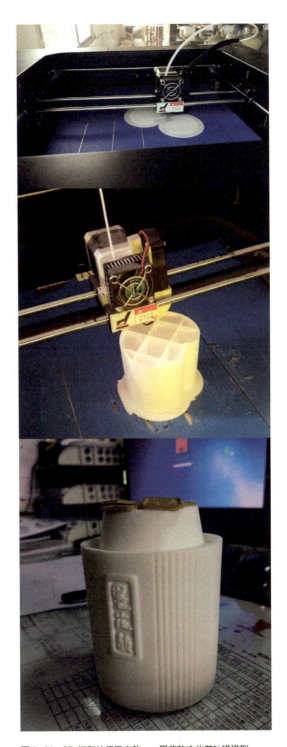

图 3-61　3D 打印的儒风宋韵——墨莊韵文化茶叶罐模型

图 3-62　陶瓷 3D 打印实验

　　从刀到锤，到 3D 打印机，工具对设计的影响不容低估。长期以来，生产工具是封闭系统，但这正在改变。在个人电脑和一系列数字化进步之后，个人制造者的出现激发了"创造自己的东西"的想法的复兴。有一种新的设计，半工业手工艺品种，虽然定义为工艺，通常是指手工制作。

　　在设计和制造越来越数字化的时代，设计师的作用发生了极大变化。由荷兰克莱尔·沃妮尔（Claire Wornier）和迪雷·弗布拉根（Dries Verbruggen）于 2002 年在比利时成立 Unfold 工作室，他们开发了一些项目，研究在不断变化的环境中创造、制造、融资和分配的新方法。在

这种背景下，我们看到将工业经济的各个方面与高科技工业生产方法和数字通信网络相结合。图 3-62 为 Unfold 工作室 2009 年 12 月 12 日在美国阿尔弗雷德大学进行的陶瓷 3D 打印实验过程。3D 打印技术还可以结合其他综合材料进行设计制作（图 3-63）。

3.5.8 系统化、集成化陶瓷设计：一站式服务

　　所谓的"一站式服务"其实就是只要客户有需求，在某个服务站点，可以解决所有的问题。其本质上就是系统销售服务。随着 21 世纪电子网

图 3-63　在 3D 打印陶瓷上吹制玻璃。2014 年 12 月 15 日，陶艺术家 Jonathan Keep，艺术家研究员 Charles Stern 和设计工作室 Unfold 的工作。使用 3D 打印应对陶瓷和玻璃兼容性问题的技术，该团队创建了一个迭代过程，允许材料和形状的快速测试。结果是具有手工和数字技能的完整性的复合对象。

络技术的迅猛发展，电子商务和企业信息化服务发展起来。

"一站式服务"将服务质量和服务效率提高了，极大地方便了客户。

很多私人和公司客户愿意给设计师中等产品数量的订货业务。比如作为英国陶瓷生产之都的斯托克市（Stoke-on-Trent），中国的潮州、景德镇、淄博等地，在这些陶瓷产区能提供各种陶瓷产品，从设计、制模、打样、生产、包装、物流运输到宣传，从装饰到功能"一站式"的产品供应服务。

现代家居陈设陶瓷卖场

PART 4

陶瓷饰品造型
设计与装饰

黑格尔说:"美是理念的感性显现。"
任何一门艺术都含有它自身的语言,
而造型艺术语言的构成,其形态元素
主要是点、线、面、体、色彩及肌理等。

4.1 陶瓷饰品艺术造型基础

针对目前国内外的软装市场，陶瓷饰品走向时尚前沿的趋势，我们不光要把握好陶瓷饰品的材质特点，更要在陶瓷工艺许可的范围之内，尽可能全面地呈现出陶瓷饰品整体状态的独特性和多样性，突破传统的技艺限制，使陶瓷艺术与技术共同成为生活的一个时尚风向标。

黑格尔说："美是理念的感性显现。"任何一门艺术都含有它自身的语言，而造型艺术语言的构成，其形态元素主要是：点、线、面、体、色彩及肌理等。因此，清楚地了解并熟知陶瓷饰品的各项造型基础是学习如何设计陶瓷饰品的重要手段（图4-1）。

图4-1 深圳艺展中心陶瓷饰品卖场

4.1.1 点、线、面

（1）点的构成

点是构成中最小的单位。它的角色设定可以是具体的某个物质也可以是一个较抽象的概念。在陶艺饰品中,点的意义更多的是以具体的形状、尺寸、大小来诠释的。

釉面上无意中的一滴带纹理的釉，坯体上均匀刻画出的镂空小洞，或是釉面上连续性排列的

小型纹样都可看作是点的构成。点体现的是构成一切形态的基础，具有很强的视觉引导作用。

在陶瓷饰品的创作中，点的装饰往往具有不可替代的特性。单一的点能构成强烈的视觉焦点，从周边环境中突显出来，具有很强的个性张力；多点组合则形成较为浓烈的色彩冲击力，以点成面，达到渲染整个构图色调氛围的效果。

组合点的装饰可分为有序和自由两种状态：

①有序点的构成。这里主要指点的形状与面积、位置或方向等诸因素，以规律化的形式排列构成，或相同地重复，或有序地渐变等。点往往通过疏与密的排列而形成空间中图形的表现，同时，丰富而有序的点构成，也会产生层次细腻的空间感,形成立体状态。在陶瓷饰品的装饰设计中，点与点形成了整体的关系，其排列都与整体的空间相结合，饰品的装饰效果趋向线与面，构成理性化的视觉表情（图4-2～图4-5）。

图4-2 花朵墙 杰夫·奎多（美国）

②自由点的构成。点的排列形式受多种因素影响，如面积的大小、位置的设置或是方向的调整，最终以自由扩散、非规律组合的形式排列构成。这种构成往往会呈现出平面的、涣散的视觉效果。如果以此表现空间中的局部，则能发挥其长处，比如象征天空中的繁星或作为图形底纹层次的装饰（图4-6、图4-7）。

图4-3 有序点构成炻瓷餐具 湖南华联瓷业股份有限公司

图4-4 点构成捏塑贴花花瓶

图4-5 有序点构成鲸鱼 Kang Yun Goo（韩国）

图4-6 自由点构成

图4-7 自由点构成天目釉茶盏

（2）线的表情

线本身具有很强的概括性和表现性，线条作为造型艺术的最基本语言，一直都备受艺术家的青睐。在事物的发展规律里，只要有有形的物体就能发现线条的存在。线是点按规律形成的轨迹，可塑性极强，线条既可决定几何形态的外形轮廓，又能传达物体的内部结构情绪，是具有强烈表现力的构成元素。

陶瓷饰品的线条感通常呈现在器皿的造型上，或是装饰画面中的线性布局。线条的变化呼应造型和纹样的差距，以此共同构成陶瓷饰品的审美情趣和意境。

线可以分为直线、曲线及混合线条。

①直线。直线只有长度、粗细的不同，因而最少装饰性，最为简约。直线的不同造型，所呈现的陶瓷饰品的视觉感受往往也不一样。如粗直线形态的几何饰品，线条具有强壮有力的情感表现，而折线或斜线则让陶瓷饰品在感官上更具冲突感，产生运动、不均衡的表现性（图4-8、图4-9）。

②曲线。婉转圆润的曲线是造型艺术独特的表现手段，圆弧不同程度的变化构成了物体形象和平面视觉中最具张力和个性的要素，也是陶瓷设计中备受追捧的视觉表现元素。美学家杨辛在谈到新石器时代的半山彩陶时写道："它的图案装饰是线，由单一的线发生出各种不同的线，如粗线、细线、齿状线、波状线、红线、黑线等，运用反复、交错的方法，把许多有规律的线组合在一起，使人感到协调，好像用线条谱成'无声的交响乐'。"（图4-10～图4-14）。

Note：

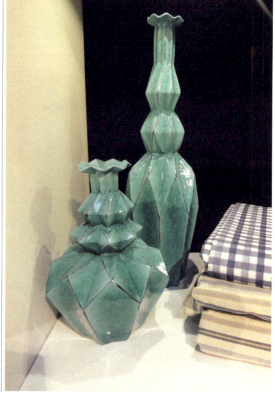

图4-8　直线构成式折纸花瓶　Studio Armadillo（以色列）　图4-9　直线构成陶瓷摆件

图 4-10　花瓶

图 4-13　新彩牡丹草帽　直线、曲线综合构成装饰　丁益

图 4-11　曲线构成镂空白瓷瓶

图 4-12　曲线构成装饰花瓶　Gustavo Perez（墨西哥）

图 4-14　曲线构成陶瓷、玻璃综合材料花瓶

③综合线。在陶瓷饰品的形态构成中，常将直线与曲线两种最为基本的线条个体互相结合，可形成复合的多样混合线条，以增强造型与纹样的动感和装饰性。这其中包括了波纹线，由两种对立的曲线组成，形态多样，装饰性强。蛇形线，以不同的方式起伏和迂回，会以令人愉快的方式使人的注意力随着它的连续变化而移动，线条优雅地律动（图4-15～图4-17）。

Note：

图4-15　综合线构成式陶瓷作品"日食"　金志妍（韩国）

图4-16　综合线构成　Karim Rashid（意大利）

图4-17　综合线构成炻瓷餐具　湖南华联瓷业股份有限公司

（3）面的形态

在几何学上，面是由线的移动轨迹发展而来，不同特征的线条组合成形态各异的面。同时面包含了线的特征，充满延伸感、充实感。

在陶瓷饰品的造型装饰设计中，面是形态设计最基本的表达方式，也是纹样、肌理最为有效的表现平台。完整的陶瓷形态可以由块体切割所形成的面，或由面与面的集聚而构成。

①几何形。也可称无机形，是用数学的构成方式，由直线或曲线，或直曲线相结合形成的面。如特殊长方形、正方形、一般长方形、三角形、梯形、菱形、圆形、五角形等，具有数理性的简洁、明快、冷静和秩序美感，被广泛地运用在建筑、实用器物等造型设计中（图4-18～图4-21）。

图4-20 组合盘，几何面构成 Masahiro Mori（日本）

图4-21 "行云"系列，几何面构成 金章婷

②有机形。是一种不可用数学方法求得的有机体的形态，既有自然发展，亦具有秩序感和规律性，具有生命的韵律和纯朴的视觉特征。如自然界的鹅卵石、枫树叶和生物细胞、瓜果外形，以及人的眼睛外形等都是有机形。有机形的融入增加了陶瓷饰品的生活意趣（图4-22～图4-27）。

图4-18 几何形面构成花盆

图4-19 "私语餐盘"几何面构成 Ikuko Nakazawa（日本）

图4-22 绅士领结瓷器 Spin 品牌

图 4-23 有机形面构成盘子壁挂

图 4-25 仿生形态花插

图 4-24 仿生形态花器 Spin 品牌

图 4-26 仿生形态瓷器

图 4-27 "孔雀开屏"瓷器套件

③偶然形。是指自然或人为偶然形成的形态，其结果无法被控制，如随意泼洒、滴落的墨迹或水迹，树叶上的虫眼，无意间撕破的碎纸片等，具有一种不可重复的意外性和生动感。往往偶然成型的陶瓷饰品会给观者另一种奇妙的惊喜，尤显珍贵（图4-28、图4-29）。

④不规则形：是指人为创造的自由构成形，可随意地运用各种自由的、徒手的线性构成形态，一般没有固定的设计图纸，其造型夸张、趣味，具有很强的造型特征和鲜明的个性（图4-30、图4-31）。

4.1.2 体的个性

体的形成是由面移动的轨迹发展而来。在立体构成中，体不仅是面的移动轨迹，还表现为面的围合、空间曲线、空间曲面等。通常把占有空间或限定空间的形体统称为立体。因此，我们把体看成是一个三维的立体空间，可360°旋转欣赏的量块实体。

在立体构成中，按照视觉形态在构成中所起的作用，可将其分为两类，一类是以基本立体形的单体形式表现，另一类是较为复杂的各种基本形体的综合构成。

陶瓷饰品中，体的视觉特征是重量感、充实感，展现较强的视觉艺术效果。体的构成可以是单体塑造，也可以是多面体的组合。多面体的组合即把单体按照设计者的意念或某种意图重新灵活地组合在一起，构成一种带有完整性、独立性存在的新造型，实现二次设计。通常有经验的陶艺家更倾向于多个不同体块的归纳重组，从整体的角度出发，实现整体和局部的呼应（图4-32、图4-33）。

Note：

图 4-28　瓜形球乐烧瓶　鲍勃·格林（美国）

图 4-29　湖面月光　金志妍（韩国）

图 4-30　打破与融合　丽维亚·玛丽（英国）

图 4-31　隐居湖　温·黑格比（美国）

图 4-32　陶瓷摆件

图 4-33　陶瓷果盘　Hella Jongerius（荷兰）

块的积聚大体分成三种类型。

（1）分割与积聚

通常分割与积聚是相互联合使用的，将基本形体按照上述方法分割后，根据统一、变化规律，再进行合成设计，或使用重复、渐变、放射、旋转等秩序排列，或相互叠加、堆砌、挖切、牟积等自由构成，形成大小、高低、疏密、错落有致或重复规律等种种变化。这种造型的最大特点是：无论积聚的结果如何，都将保持相同的积量。当然，如果积聚时仅使用部分分割的形体，以少胜多，更能够创造出千变万化的新形态，传达新的意义（图 4-34、图 4-35）。

图 4-34　"腾"积聚式花瓶　张玉山、刘文海

（2）单体积聚

利用重复形的积聚构成，将一个单元形体重复发展，使之成为一个完善的整体，这是我们经常采用的手段。重复不仅增强韵律，还可以得到具有明显个性的立体形象。这里的重复，还应包括各种变体如渐变形、相似形，再加上方向、组织（线性、放射式、中心式、轴线式）以及形体

图 4-35　分割聚集式陶瓷摆件

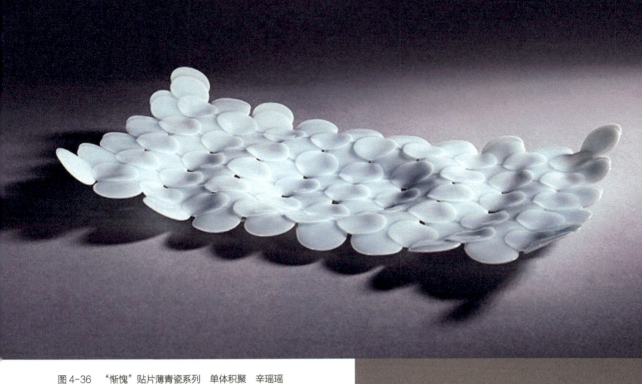

图4-36 "惭愧"贴片薄青瓷系列 单体积聚 辛瑶瑶

间连接关系的变化，最终的形象是很丰富的（图4-36、图4-37）。

（3）对比形体的积聚

除了单体积聚外，更多的立体造型是一种更为自由的基本几何形体的综合构成，包括形状、大小、动静、垂直水平、多少、粗细、疏密、轻重等对比。积聚方法主要是运用对称与均衡的形式美法则，创造出各种动势和意境。陶瓷饰品的对比形体积聚可以按中轴线将对比形积聚成完全均齐形（等形等量、等形不等量或等量不等形、依中轴或依支点出现），创造生动而庄重的感觉；也可以按中轴线积聚成正面对称、侧面平衡的形体，使其产生明朗、悦目的视觉效果（图4-38~图4-40）。

Note：

图4-37 单体积聚粉彩雕塑 李宝恩

图 4-38　"传家宝"对比形体的积聚　科莱·托米（英国）

图 4-39　器皿组合，对比形态的积聚　Spin 品牌

图 4-40　鱼盘壁挂，对比形态的积聚

4.2 陶瓷材料属性的艺术夸张

陶瓷饰品的造型与工艺、节奏等方面应与环境、人的需求形成统一的感观效果。陶艺饰品作为一种存在的艺术形式，有着自己的艺术语言，是一种文化、一种时尚，并且散发着一种典雅的生活格调，使人们亲近自然、回归自然。这样一种具有现代时尚文化理念的产品新貌，对人视觉上的感官影响必然是不容低估的。

4.2.1 陶瓷肌理

肌理是由人类的造型行为造成的表面效果，是在视、触觉中加入某些想象的心理感受。在陶艺表现中，以感官情绪为主可将肌理分为视觉肌理和触觉肌理，其中视觉肌理主要是指不直接接触陶瓷表面，通过视觉觉察来感受表面的起伏变化与气韵，而触觉肌理则是由物体的表面组织构造所引起的触觉质感。从装饰处理方式出发，陶瓷的肌理可分为材质肌理和釉色纹理肌理，它们共同构成陶瓷的外部表面形态。还有一种陶瓷肌理是饰品制作过程中不经意产生的缺陷所导致的，如釉泡、斑点、扭曲、缩釉、针孔等，通过艺术家的思维转换和处理，发掘出这些缺陷本身所潜在的生命力。

陶瓷肌理是陶艺形态美体现的一个重要方面，复杂的材料结构和纹理组织营造出带有韵律、连续、重叠、粗细、疏密、交叉、错综的肌理美感。肌理中无法预测、随机、偶然以及自然天成的装饰效果，增添了陶艺饰品独特、神奇的艺术感染力，它们可以变成具有高度表现力和激发造型效果的艺术语言，构成了一个自然现象中虚幻的美学世界（图 4-41~ 图 4-51）。

Note：

图 4-41　各种制作肌理的陶艺工具

图 4-42　陶艺肌理制作

图 4-43　缩釉肌理碗　邢良坤

图 4-44　泥条肌理花瓶

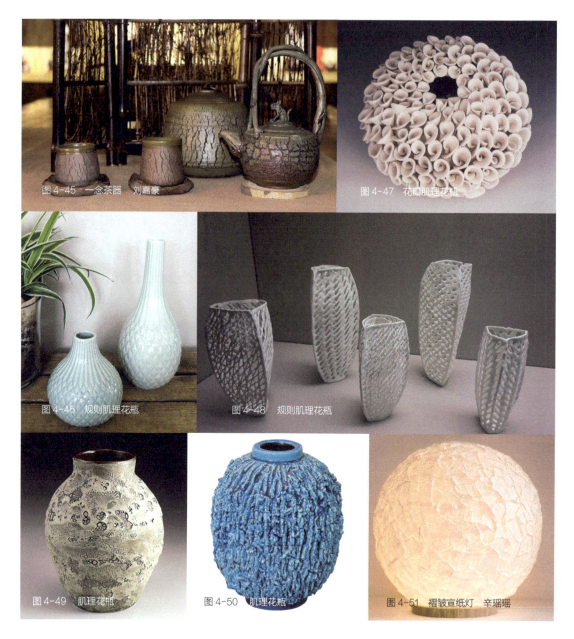

图 4-45　一念茶器　刘嘉豪

图 4-47　花瓣肌理花瓶

图 4-46　规则肌理花瓶

图 4-48　规则肌理花瓶

图 4-49　肌理花瓶

图 4-50　肌理花瓶

图 4-51　褶皱宣纸灯　辛瑶瑶

4.2.2　陶瓷特殊构造特征的运用

陶瓷陈设品之所以能备受青睐，能融合于任何的空间环境，正是由于它所具有的一些特殊性能和特点。陶瓷陈设品在室内空间中显现出了不可取代的材质魅力。

（1）材质绿色环保

与常用的建筑材料相比，陶瓷的泥料无污染、无辐射，具有独特的环保优越性。同时在采购中，较易获取，可按计划在允许的地方有规律地采掘，保证城市发展与自然和谐的绿色生态要求。

（2）原料可塑性强

没有其他任何材料能比陶泥更忠实地记录下其表面留下的任何痕迹，陶泥可以随意切割、揉捏，发挥造型的可能性（图 4-52）。陶泥能使陶艺在造型上更加活泼自由，较之目前常用于空间环境的各种材料，如玻璃、石材、木材、水泥等有着很大的表现空间。

（3）成型性能稳定

陶瓷饰品经火烧成后变得坚硬，形状永久固定，性质颇为稳定，尤其经过施釉后，表层的

图 4-52 孔眼靴 挑战陶泥可塑性极限 玛丽琳·莱文（美国）

图 4-53 韩国 Gallery Coffee 陶艺画廊的展品

Note：

釉质因高温烧结，不易渗水，抗压、抗腐蚀、耐热、耐光照、防风化的性能很强，并能永远保持鲜艳色彩，即使是裸露在户外空间也经久耐用（图4-53）。

韩国艺术家尼娜·均在创造陶瓷气球系列时，重新审视了氦气球的轻重感，制作时将庆祝用的气球放入固化的泥液中，等其凝固形成不同的造型轮廓。鼓胀的陶瓷器物在形态上实现了真气球的饱满感（图4-54）。

图 4-54 陶瓷气球系列

4.2.3 陶瓷材料自然生态的表现

　　黏土来源于大地，与自然界有着千丝万缕的联系。对于陶艺设计家，灵感常常需要从自然万物中细细寻找，无论有机的、随意的还是淳朴的，自然的一切反应都能激发我们找到创作的激情和动力（图4-55～图4-58）。

图 4-57　华裔设计师 Atelier Murmur 耳语工作室利用溪水流动所产生的青苔自然地附着在瓷器表面，呈现出不一样的清新气息。

图 4-55　绽放　芭芭拉·南林（荷兰）

图 4-56　白墙装置　伯纳德·米勒（美国）

图 4-58　Atelier Murmur 耳语工作室设计的作品都有一种自然的清新感。这一系列的陶瓷器物其亮点就在于釉面纹理的处理，受落叶和四季变化的促动，将树叶埋入坯壁上压印，施白釉烧制出清晰的脉络纹样，展现出源于自然的亲切感。

4.2.4 陶瓷与其他材料的混搭

在众多精美的陶瓷饰品中，个体的材质不仅只是单一的陶瓷，还有许多优秀的设计都是结合其他材料，把握材质间的共性，做到形式上的融合，与创作主题相和谐。

（1）陶瓷与金属

陶瓷与金属都可以创造出光滑的表面质感，材质的混搭能产生出高冷的艺术气质（图 4-59、图 4-60）。

图 4-59　不锈钢与瓷结合的花插　朱小杰

图 4-60　陶瓷与金属结合的花器

（2）陶瓷与竹材

通透的竹编与陶瓷形成反差，两种不同属性的材质被融合在一个产品中，形成新的质感。瓷胎竹编的出现优化了产品的艺术感，造型随凹随凸，浑然一体，弥漫着淡雅清新的东方文化气质与韵味（图 4-61 ~ 图 4-63）。

图 4-61　"融"陶瓷竹艺容器　素生 SOZEN 品牌

图 4-62　瓷与竹编结合的"桥"系列茶具

图 4-63　瓷与竹结合的茶咖具

（3）陶瓷与木

陶瓷与木的结合给人新的感受，产生软硬不同的材质对比，赋予两者更高的审美价值。陶瓷与木材结合，将陶瓷文化与木材文化相结合。陶瓷中木材的运用，不仅起到很好的装饰效果，更营造出清晰、自然、雅致的东方意蕴（图4-64 ~图4-66）。

（4）陶瓷与玻璃

陶瓷与玻璃的材质有类似的属性，坚硬、易脆。两者的结合满足了感官情绪的统一，同时各自物理形态的迥异又丰富了产品的装饰特性，给人惊喜（图4-67 ~图4-69）。

Note：

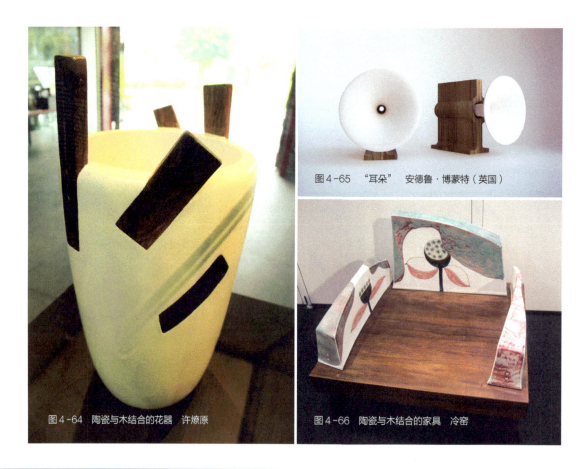

图4-64 陶瓷与木结合的花器 许燎原

图4-65 "耳朵" 安德鲁·博蒙特（英国）

图4-66 陶瓷与木结合的家具 冷窑

Note：

图4-67　瓷与玻璃结合的器皿　田中佐美（日本）　　图4-68　瓷与玻璃结合的花插　朱小杰　　图4-69　瓷与玻璃结合的花插

4.3 陶瓷饰品的造型表现

　　陶瓷饰品的体态特质展现出一种天然和谐、纯真质朴的现代社会品位，人为的设计创造与材质的朴实无华在造物者的手中自由融合。无论置于何处，陶瓷产品所呈现的独特美感，不但在其功能性中弥补了各类器物的日常空缺，同时也缓解了不同时代下人们生理和心理日渐产生的孤独感和紧张感。陶瓷饰品的精神内涵提高了产品属性的品位和装饰感，丰富了周边环境的文化性与时尚性，最终反映出人、物、环境三者间的互动关系，实现自然质朴的高品质生活（图4-70、图4-71）。

4.3.1 挂饰类

　　在陶瓷饰品中，众多产品会选用挂的方式展现陶瓷饰品的美感。

　　"挂"也可说是吊或是悬，在空间中时常是以垂吊或悬挂的方式呈现。这种状态往往需要通过外界的材料如挂钩、金属部件、麻绳等来辅助实现（图4-72～图4-74）。

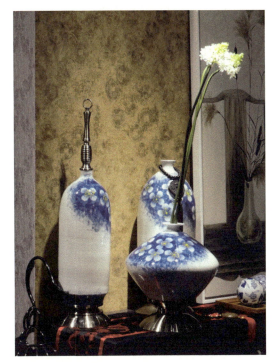

图4-70　现代家居陈设陶瓷卖场

图4-71　茶器与香器　万仟堂

图4-72　吊灯　Juuyo Moooi 品牌（荷兰）

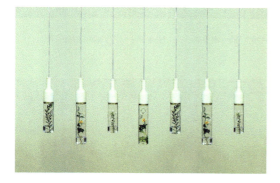

图4-73　酒瓶吊灯　朱小杰

图4-74　餐厅陶壁　凯伦·克丽兹（美国）

①顶部。

空间中每个位置的搭配都与其占地大小、周边环境、风格取向等有直接的关系。考虑到陈设品与空间的比例关系，比例适宜不单单是指物理属性上的，因此营造的空间氛围不同往往也决定于不同陶瓷饰品的衔接方式。垂挂往往将陶瓷饰品置于一个不固定的状态氛围，通过与顶部的点固定并支撑整个饰品的重量。垂吊的方式使得陶瓷饰品的呈现更具灵动性，韵律感更强。不同形态、不同大小、不同色彩的悬挂物在不同光线作用下呈现出变幻莫测和忽明忽暗的气氛，为人们增添了悠然自得的生活情调。

比如在人口密集的香港茶餐厅，灯饰部分选用了独特的陶瓷鱼灯。设计的陶瓷鱼片其克数不同，利用钢丝将相邻的两片鱼串联起来，将所有的鱼片调整成一个方向，再用钢丝压紧鱼片，这样即使有微风吹过也不会出现陶瓷鱼片乱跑的现象。最终的成品通过钢丝固定在餐厅的天花板上，以垂挂的方式装饰氛围，强烈的流坠感，错落有致，丰富了整个茶餐厅的层次（图4-75～图4-79）。

小的陶瓷饰品往往以垂挂的方式更能体现个人的意趣。陶瓷娃娃、花器或是陶瓷风铃置于门楣、窗户处，随风微微摆动，瓷片的碰触声打破了无声的陶瓷世界，丰富了空间格调（图4-80～图4-82）。

图4-75　垂吊式鱼灯　宝奇莱品牌

图4-76　吊灯　Pigeon Toe 品牌（波兰）

图 4-77 利川世界陶瓷博物馆构成式陶瓷吊顶

图 4-78 上海"爱马仕之家"橱窗垂吊式装置 辛瑶瑶

图 4-79 悬挂式花盆

图 4-80　晴天娃娃彩瓷挂饰

图 4-81　陶瓷盆摘风铃

图 4-82　各种现代陶瓷风铃

②墙面。

依托于墙面,将陶瓷饰品固定在立面空间上,强调陈设品的艺术性。

墙面类的陶瓷饰品包括陶瓷浮雕、陶瓷壁饰、陶瓷装饰盘、陶瓷装饰画、陶瓷制钟表等,丰富了立面二维界面,增添了装饰面的文化性和趣味性。使用长与短、大与小、多与少、方与圆、华贵与质朴、细腻与粗放、单纯与繁杂、强烈与含蓄等各种各样的对比手法,从而产生具象的或者是抽象的、平面的或者是浮雕的不同效果。墙面上的陶瓷陈设也应该和室内家具等形成一种相互协调与融洽的呼应关系。这种关系可以根据实际情况,采用较为工整的或者是较为灵活自由的形式(图 4-83 ~ 图 4-86)。

图 4-83　镶花壁挂　简·布朗恩·切可(美国)

图 4-84　自由式壁挂

图 4-85　客厅创意陶瓷壁挂

图 4-86　餐饮空间自由组合壁挂

Note：

陶瓷饰品的界面配件通常分为两类：挂钩和金属架。金属质地的挂钩能很好地支撑陶瓷饰品的重量，部分金属挂钩还能隐蔽在饰品与墙面之间，保证装饰面的完整性。有些也通过挂钩、吊绳、钉子等合力完成陶瓷饰品的立面固定。这类陶瓷饰品往往包括瓷板画、小型陶瓷盆栽、陶瓷挂钟等（图4-87～图4-90）。制作尺寸合适、款式适宜的金属架，将陶瓷饰品摆放其中，这对金属架的外观有一定的要求，必须和所搭配的陶瓷饰品氛围一致。一般美式的彩绘瓷盘常与造型优雅的铁艺架搭配组合，两者相得益彰（图4-91）。

图4-89　盆摘壁挂

图4-87　创意陶瓷挂钟

图4-90　金属隐形挂钩

图4-88　太阳神壁挂

图4-91　金属架支撑的陶瓷壁挂

4.3.2 摆设类

"摆"顾名思义就是将物品放置于任何横向平面的位置。陶瓷摆件,通常是平放在各类柜、橱、桌、几、架以及其他室内平面上。摆放陶瓷饰品时需要周密地考虑,无论在何种空间内,作为室内住宅空间环境的陪衬,都不能妨碍人们的正常活动,对室内住宅空间环境整体设计风格的构建起到点缀、升华作用。

陶瓷摆件的类型很多,通常包括陶瓷玩偶、陶瓷餐具、陶瓷花瓶、陶瓷台灯、陶瓷香炉、陶瓷茶具、陶瓷装饰盒等。饰品通常依据陈设的尺寸选择合适的摆放位置(图4-92、图4-93)。

①台面类。

台面上的陈设包括桌面、柜面等的陈设。用于桌面的陶瓷陈设品既具有其独立性,又具有与桌面的依赖性,有着双重性质。所谓其独立性,就是指陶瓷陈设品具有本身的艺术性和审美性,就个体而言能够给人们带来良好的视觉享受和精神上的审美和陶冶,拥有独立存在的艺术价值。而其依赖性则是指,作为陈设于台面的陶瓷必须实现与台面的和谐统一,应注意载体的风格样式,依赖于台面的艺术风格,充分考虑陶瓷饰品的设计风格、色彩、肌理、造型、纹理与烧制方式等多种因素,实现各个因素与空间环境、台面的风格的统一。

陶瓷摆件在造型上不受约束,可以随意地进行各种奇特外形的设计。在摆放的时候,每个陶瓷饰品都可以找到合适的摆放方式,有的是底部平坦,可直接放置,有的是圆形盘类或不规则的立体造型,则需置于木架或木座上,并要保证摆放过程的稳定性与安全性(图4-94~图4-99)。

图4-92 陶瓷摆件

图4-93 陶瓷摆件

图4-94 陶瓷花鸟罐

图 4-95　陶瓷花器

图 4-96　陶瓷花器

图 4-97　陶瓷装饰摆件

图 4-98　陶瓷陈设空间

图 4-99　陶瓷陈设空间

②地面类。

在陈设艺术中，对于体积比较大的陈设品如一般陶瓷雕塑品、陶瓷花瓶，以及一些大型的陶瓷创意产品通常都采用地面摆设的方式来展示。

落地陈设的陶瓷饰品大多为体积相对较大的容器如鱼缸或花器，或者色彩艳丽的瓷墩或其他形式抽象的陶瓷造型。这类体量的陶瓷饰品通常都是放置在地面上，重点修饰地面空间的色彩，丰富局部区域的格调情趣，比如楼梯的拐角处、花园的盆景旁边、住宅空间的门口，或者厅室的墙边角落都可以摆放，呼应整个空间的主题和氛围，展现出主人对于精致高雅的生活环境的追求。也可以设置于走廊的末端或两侧，增添走廊的庄严肃穆之感或改变走廊的格局（图 4-100 ～ 图 4-102）。

4.3.3　功能类

陶瓷饰品的创造是一个有别于其他产品设计

图 4-100　落地陶瓷摆件

图4-101　陶瓷坐墩

图4-102　陶瓷落地摆件

的全新视觉界，它创造出一个把传统工艺与现代审美进行完美结合的新典范。

　　陶瓷饰品从功能上可分为实用类和装饰类。

（1）实用类

　　日用陶瓷可以说是因为人们对日常生活的需求而产生的，日常生活中人们接触最多，也是最熟悉的瓷器，是餐具、茶具、咖啡具、酒具等。消费者在消费时，往往以功能和目的性为出发点，将产品的实用性作为购买的首要因素。因此，众多的陶瓷饰品都是运用在人们的日常生活中，填补其他材料无法实现的功能特征（图4-103～图4-108）。

　　如茶具中的陶瓷茶海，俗称功道杯，它的作用就是盛放泡好的茶水。将壶内冲泡好的茶水，通过过滤网过滤至茶海之中，再依次分放到每个品茶者的茶杯中。闻香杯则是高挑纤细的造型，将茶海中的茶水倒入闻香杯中，七分满即可，然后再把闻香杯中的茶水倒入品茗杯中，方便品味茶叶的余香。

（2）装饰类

　　装饰类陶瓷饰品即以纯装饰为主的陶瓷饰品，详见第一章1.3.3。

图4-103　陶瓷纸巾盒

图 4 -104　陶瓷果盘

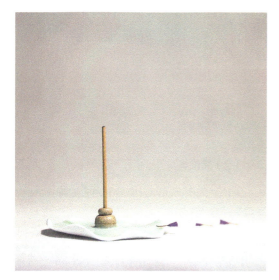

图 4 -105　陶瓷香插

图 4 -106　陶瓷茶具

图 4 -107　陶瓷摆件

图 4 -108　陶瓷灯具

4.3.4 趣味类

陶瓷饰品作为设计语言的载体，不仅反映产品客观感官形象美，同时也表达了其内蕴的情趣美，这是产品表达设计语言与境界的审美要素。装饰类的陶瓷饰品往往给人的感觉是充满趣味性，是令人兴奋的，令人愉快的。

这类陶瓷饰品主要包括陶瓷花瓶、陶瓷相框、陶瓷画、陶瓷玩偶等，其造型都大胆新异，色彩丰富跳跃。强烈的视觉感不但能体现人的设计品位和内在情感，同时也能与空间其他元素完美融合，在形式感和语言表现上都非常适合室内外环境装饰表现。

所谓美的另类体验和感悟多与时尚联系在一起，并为欣赏者带来了与以往不同的美学体验。现今，装饰感与时尚性结合，反映了现代人的一种生活方式，构建着现代人日常生活的物质世界和精神世界（图4-109～图4-114）。

荷兰马塞尔·万德斯的陶瓷花器设计，决定了陶瓷花器设计的流行趋势，大众的审美品位成为左右时尚的重要力量。《杀死小猪的银行》这款花瓶代表一个充满货币和方法的数字时代，锤子敲打花瓶则寓意着精密时代的货币银行将要击毁，具有当代批判主义的思想（图4-115）。

西班牙的第三大奢侈品牌——雅致瓷器，栩栩如生的陶瓷花朵一向是雅致作品独一无二的品牌特征。无论是花瓣的制作还是以花朵为主题的作品设计，都是雅致艺术家精心设计的极致呈现。艺术家们以灵巧的手，捏出一片片纤细逼真的瓷花，赋予陶瓷更鲜活的生命（图4-116、图4-117）。

图4-110　青瓷人物摆件

图4-111　陶瓷摆件

图4-109　陶瓷杯垫

图4-112　长城杯垫　洛阳三彩艺

图4-113　趣味花插

图4-114　中式摆件

图4-116　西班牙雅致瓷器雕塑

图4-117　西班牙雅致瓷器　阿富汗犬、贵宾犬瓷塑摆件

图4-115　杀死小猪的银行陶瓷花器　马塞尔·万德斯（荷兰）

Note：

4.4 陶瓷饰品的装饰方法

4.4.1 刻饰法

刻饰主要是在黏土表面进行刻画雕饰的装饰技巧。黏土的干湿状况和工具的选择决定了雕刻纹饰的清晰度。锋利的刀片在半干的黏土表面往往能刻画出相对精细清晰的纹饰边线，而在潮湿的黏土上产生的则是较为粗略且有毛边出现的图案。

当尚未烧制的坯体处于半干或干燥的状态下，就可将之前绘制好的纹饰附着在黏土的表面。最好拿铅笔绘制，这样再轻轻压印后，硫酸纸纸带铅锌的纹样就会显现在坯体上。坯体的表面容易脆裂，在刻画时应小心雕琢。最后雕刻的纹饰线条会涂上浅色的釉料或是透明的青瓷类釉料，烧制后的装饰图案则呈现淡淡的肌理美感（图4-118、图4-119）。

图4-118 刻饰法作品

图4-119 刻饰法步骤

Note：

4.4.2 雕刻法

雕刻法是陶瓷装饰的一种。陶瓷纹样器壁可"半镂""全镂""通花"。此种方法主要是利用坯体中空和表面坯壁较薄的特征，在整体造型不改变的基础上，去掉装饰部分，虚实变幻，与周边环境紧密结合。雕刻时选用锋利的小尖刀或是刻刀，依次按照标记好的纹样进行雕刻。修饰部分的面积不宜过大，应遵循整体造型的受力结构，保证作品的支撑度。装饰的纹样外形尽量选择一些边缘圆润的图形，避免烧制后出现折角开裂等问题。雕刻陶瓷饰品呈现出外实内虚的艺术形式，赋予产品生动活泼、层次多样、细腻精美的情感语言（图4-120~图4-122）。

图4-122　雕刻法作品　魏春霞

4.4.3 镶嵌法

镶嵌法被广泛地应用在各种饰品的装饰中。通常有彩色泥浆镶嵌和彩色黏土镶嵌。

①彩色泥浆镶嵌。先用刻划工具在湿坯上划出装饰线，再用彩色泥浆填充刻线槽，可在泥浆中加适当的细陶渣（熟料）以减少因收缩比不同引起的裂缝；泥浆填满刻线后待表面半干时，用柔润光滑的金属或竹木、塑料片将表面多余的泥浆刮去，使表面现出线纹（图4-123、图4-124）。

图4-120　雕刻法工具

图4-121　雕刻法操作过程

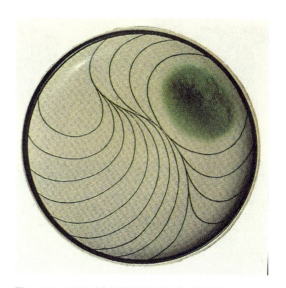

图4-123　用日本浅色坯镶嵌深色线的"三岛法"瓷盘

图4-124　彩色泥浆镶嵌法

图4-126　彩色黏土镶嵌法

②彩色黏土镶嵌。一般是在半干的黏土表面刻划出较细的线条或是凹陷的图纹区域。在凹槽部分嵌入搅拌过的彩色黏土，彩色黏土的收缩率应当与坯体的黏土收缩率一致，避免嵌入的纹样在烧制后互相分离，出现裂纹。在镶嵌的过程中，将准备好的薄片彩色黏土平铺在湿润的台面上，把坯体的凹槽部分对准彩泥放下，再用滚轴轻轻地滚压，确保彩泥与坯体紧紧地贴合，最后把多余的彩泥用刀片刮去，显露出镶嵌部分的纹饰（图4-125、图4-126）。

4.4.4 贴花法

贴花法是一种比较常用的，且简便、工艺成本低的陶瓷装饰方式，最适合批量化生产。将设计出的花纸纹饰小样依次按节奏粘贴到产品的坯体上，与之搭配组合成完整的陶艺品。花纸分釉上、釉中和釉下三种，贴花法通过丝印可以印出众多相同的纹饰花纸。组合样式多种多样，可根据造型的需求任意变化表面纹样的构成方式。粘贴时切忌坯体和纹样间留有空隙。为丰富纹样的多样性，可在纹样的边缘进行修饰，细微调整各个压模小样。粘贴法具有完整的构图、夸张的纹样以及多变的物态形象，整齐排列或交错变形，都具有强烈的韵律感，可以产生丰富的层次效果（图4-127、图4-128）。

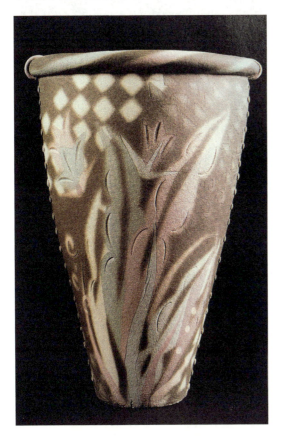

图4-125　用彩色黏土镶嵌法制作的缸陶　乔康内尔（英国）

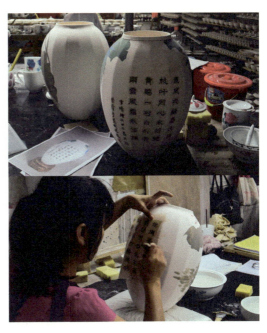

图4-127　贴花装饰

图 4-128　剪纸纹贴花瓶　许燎原

图 4-129　拉坯绞泥法

4.4.5　绞胎法

绞胎法是现代陶瓷创作中比较特别的一种装饰技艺，是将两种同质不同色的黏土混合或在泥中加入色剂揉泥混合后再进行印坯或拉坯成型。绞胎的纹理创作随意性很大，几乎很难复刻出一模一样的同款作品，创作主题的纹理有呈几何状或似行云流水，流畅自由，纹理的粗犷或纤细也可通过人为的处理自由调整。色彩的变化则取决于相互混杂的黏土颜色，产生的色彩效果与纹理之间形成相互作用的协调关系（图 4-129 ～图 4-131）。

Note：

图 4-130　绞胎罐

图 4-131　绞胎碗

4.4.6 模印贴花法

贴花法在陶瓷饰品中运用得较为广泛，艺术特性显著，是把设计切好的花纸纹样贴在未烧制的作品坯体上或是烧成后的素胎上，修饰装点器物。花纸纹样可以是整片的也可以是剪纸形式。粘贴时用毛笔蘸上水涂抹在坯体的装饰区域，再把花纸小心地贴合上，花纸的边缘用清水洗掉多余的釉（图4-132）。

图4-132 模印贴花法

4.4.7 彩绘法

彩绘法是在生坯或素烧胎的表面进行图案绘制，或是在烧制后的白釉坯体再进行创作。一般将彩绘法分为釉上彩绘、釉中彩绘和釉下彩绘。釉下彩包括青花装饰、釉里红装饰、釉下五彩装饰。釉上彩则有新彩、粉彩和斗彩等。釉料烧制后色彩鲜艳、明快，给人以光洁透亮、精细雅致的艺术效果（图4-133、图4-134）。

图4-133 釉下彩绘

图4-134 万花釉下五彩瓶

4.4.8 施釉法

施釉法装饰是指采用专业的颜色釉料、色料对陶瓷制品表面进行美化装饰的过程。在陶瓷艺术的发展进程中，无论是远古时期彩陶艺术还是现代陶艺创作，釉面装饰法都是最习以为常的一种色彩表现手法。施釉的方式有很多，主要有甩釉、吹釉、浸釉、泼釉等。釉料的名称也别具一格，例如天青、豆青、梅子青、孔雀绿、鹅鸽斑就是以自然界景物、动植物命名，带有淡淡的诗意；祭红、祭蓝、钧红、广均、宜均则是按出产地和用途来命名，方便了解。釉料因其化学成分和窑温的差异，会导致坯体在烧制过程中产生许多意想不到的效果（图4-135）。

图 4-135　施釉法装饰

Note：

4.4.9 其他方法

（1）遮挡施釉装饰法

通过剪出简单纹样或线条的纸遮挡坯体喷釉，而产生"剪纸"纹样，在上釉前把纸带用水打湿，在泥坯上贴出各式的纹饰形态，再进行施釉或喷釉，这样就与其他部分的彩绘图案形成鲜明的对比（图 4-136）。纸带的宽窄随作品创作的需求所定，造型可直线条也可是锯齿状。

（2）电镀装饰

电镀是陶瓷制件表面上获得镀层的工艺方法。是采用通电的方法，将镀液中的化学物质还原为金属，从而在陶瓷表面镀出金属或合金，并且形成一种均匀和连续的、与基体材料有良好结协力的镀层，从而提高陶瓷工艺品的材料价值和艺术效果。电镀陶瓷前先将坯体 800℃ 左右素烧，再进行一定的装饰和表面粗化处理，再置于盛有镀液的槽里，通电进行烧渗。电镀有镀金和镀银两种（图 4-137）。

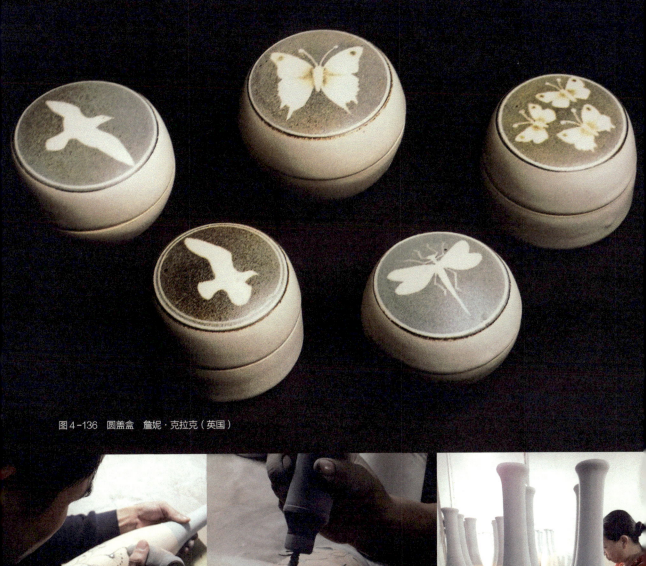

图4-136　圆盖盒　詹妮·克拉克（英国）

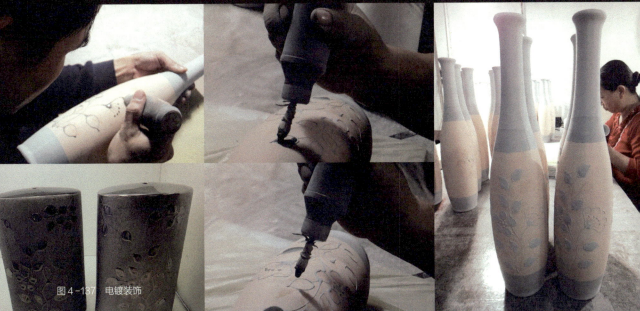

图4-137　电镀装饰

Note：

（3）织物依托法

以纺织物、纸张等为成型支撑媒介，与泥浆混合，通过纺织物质感和肌理的呈现，创造出具有真实感的陶瓷作品。它既是成型法又是装饰法。仿真的艺术质感和形态则反映出人与物之间相融相生的和谐关系（图4-138）。

（4）堆积法

陶艺堆积是扩展了黏土可塑性和黏合性的优点，装饰与成型同步完成，使陶瓷饰品具有体积感强、层次分明、肌理厚重的视觉装饰效果（图4-139）。

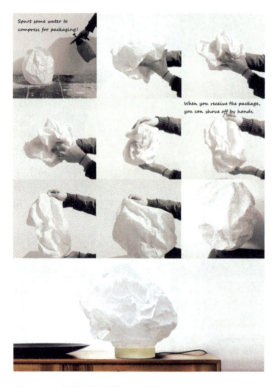

图4-138　有机变形宣纸灯　辛瑶瑶

图4-139　泥条堆积成型摆件

Note：

（5）干燥裂纹法

在湿坯表面涂上干燥剂，点燃燃气，用火焰烘烤坯体表面，短时间内能快速地促进表面泥料的干燥，形成干裂的肌理效果，也可以使用吹风机烘干表面，需要较多的时间，但也能达到相同的效果（图4-140）。

能。这种工艺从 CAD 数码设计开始，生产过程中无需使用模具。这种生产方式用于一次性或者批量生产，成本都较低。更重要的是，这种工艺可以制出轻微的半透明质感，且这种技术已从电瓷拓展到艺术装饰陶瓷领域（4-142）。

图4-141　激光切割雕刻机

图4-140　干燥裂纹罐　曲冰

（6）数字化技术用于陶瓷饰品加工和装饰

全自动化、数字化的现代激光切割技术逐渐被应用到陶瓷领域。从钻孔到雕刻，从开槽、穿孔到复杂的图案和纹样，陶瓷片可以被切割成各种笔绘的形状。激光切割得到广泛应用，这种技术为设计师用平板材料设计制作出更具装饰性、更具复杂性的产品提供了无限可能（图4-141）。

激光切割雕刻工艺在生产上、速度上具有极大的灵活性，同时提供了制作极为精巧的图案可

图4-142　激光雕刻杯

拉坯成型花器

PART 5

陶瓷饰品制作与生产

陶瓷饰品的制作通常有手工制作和批量生产两种方式，手工制作主要用于小批量的个性定制，强调手工感；而批量生产则主要指偏机械化流水线的大生产。

陶瓷饰品的制作通常有手工制作和批量生产两种方式，手工制作主要用于小批量的个性定制，强调手工感，而批量生产则主要指偏机械化流水线的大生产。当然陶瓷饰品作为手工艺产品，不能完全脱离手工制作，往往在许多流程上仍然依赖于手工的辅助作用。

5.1 陶瓷饰品的成型工艺

成型是将制备好的坯料，用各种不同的工艺方法制成具有一定形态、尺寸的坯体（生坯）的过程。陶瓷饰品的制作有许多成型工艺，可概括为可塑成型、注浆成型、压制成型三大类，往往以手工制作与机械生产相结合。

成型是陶瓷制作过程中一道重要的工序。根据陶瓷制品的组成，将其所需的一些原料进行配制，将配制好的坯料制作成为预定的形状和规格的坯体，来实现陶瓷制品的使用与审美功能。

5.1.1 可塑成型

可塑成型是利用外力对坯料进行成型。基于坯料的可塑性，可分为滚压成型、塑压成型、旋压成型和其他塑性成型。

（1）滚压成型

滚压成型是由旋坯发展而成的新工艺，即把旋坯成型的型刀改进为旋转的滚压头。成型时，利用滚压头和模型分别绕轴线以一定速度同方向旋转。滚压头的转动，将模型中的泥料进行滚压延展成坯体（图5-1）。

滚压成型的方法，按模型的形状区分，有阳模滚压（外滚压）和阴模滚压（内滚压）两种。阳模滚压成型适用于盘、碟类和敞口浅形制品的成型。阴模成型一般适用于碗、杯类制品的成型（图5-2、图5-3）。

图 5-1　单盘阴模滚压旋坯

图 5-2　多盘滚压旋坯

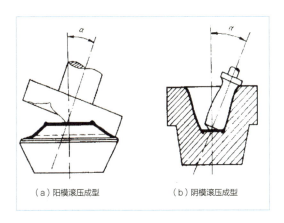

（a）阳模滚压成型　　　　（b）阴模滚压成型

图 5-3　滚压成型结构图

图 5-6　在烘干自动线末端将干坯进行质检

（2）塑压成型

塑压成型是将可塑泥料放在模型中在常温下压制成型的方法，是以增强石膏为模具，利用液压静压力，把经过真空练泥处理的泥片，压制成各种形状的坯体。其原理是：利用泥料的可塑性，对置于石膏模型内的泥饼施加一定的压力，使泥料延展、挤压成型，然后将规定压力的压缩空气分别通入特制石膏模的上、下模体中，借助压缩空气的作用，将已成型的坯体从石膏模型中顶离，而达到脱模的目的（图5-4 ~图5-6）。

图 5-4　塑压成型

图 5-5　压好的盘子坯送入烘干自动线

（3）旋压成型

旋压成型源于1759年韦奇伍德发明的工艺，是利用旋转的石膏模和样板刀使泥料成型，又分阳模旋压和阴模旋压。相较其他的制瓷工艺，旋压工艺的处理技巧主要是利用模具来制作。使用的模具一般是之前已经制作好的石膏模具。旋压法制作的产品，尺寸可大可小，可一体压模成型也可压模拼接成型。在清理石膏时可用拧干的湿布或是海绵擦拭干净，切记清理用力过猛会破坏石膏表面的光滑度。石膏模具的选择可以是单块模具，可以是上下或左右两块模具，这主要取决于制作的陶瓷饰品的造型需要。旋压法突破了传统手工艺为主的制作技艺，生产效率大大提高，其成型的陶瓷饰品风格更具有特质和活力。

①阳模旋压（图5-7）。

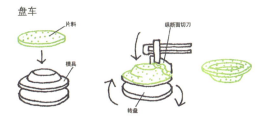

图 5-7　阳模（盘车）旋压示意图

阳模旋压又叫盘车、俯旋。

黏土被放置在转台上；一个纵断面把黏土加工为片料；片料从转台上移到手里。将片料手工定位在模具上；纵断面切刀紧紧地控制着反方向旋转的片料，以刮除多余的黏土；阳模旋压制作的典型平形产品——汤碗，已经可以烧制了（图5-8）。

一个粗糙的圆盘坯正被压入一个深模具中；纵断面切刀绕着旋转的模具内壁均匀地摊开，形成衬里；手工处理外表面，外表面在前端与模具接触。

图5-8　旋坯过程

②阴模旋压（图5-9）。

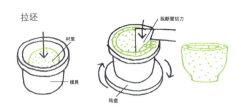

图5-9　阴模（拉坯）旋坯示意图

阴模旋压法是在石膏模内壁旋压的成型工艺，有类似拉坯的原理。如今陶瓷转轮已从最初的手动操作升级到自动的现代化小型机器，大大方便了制作过程（图5-10）。

图5-10　内模（拉坯）旋压

（4）其他塑性成型

①手捏成型。

手捏法是历史最为悠久的一种制陶技法，也是最为简单、最为直接的手工成型工艺，具有自然、随意、自由的造型特点。手捏法就是利用手指间的不同力度进行按、捏、搓的一个创作过程。任何黏土都是必须达到一定的柔软度和韧性才适合手捏成型，它能直接传达出创作者的情感，也容易呈现出形体最为自然生动的形态。

陶瓷饰品许多微小雕塑都是靠手捏的方法制作，花瓶上的造型如繁复的陶瓷花瓣或是小型人物、动物以及场景。手捏法考验制作者的工艺和精细程度，往往好的手捏陶瓷饰品也是需要花费大量的时间和精力去完成塑造（图5-11）。

②泥条盘筑成型。

泥条是一种比较直观、造型表现力较强的创作方式，可随设计师的构思自由地创作出任何想要的设计效果。泥条盘筑法的运用增加了陶瓷饰品的立体感，其外观既可对称，也可盘绕成不规则形。泥条的堆叠需要设计师仔细耐心地处理，如果没有做好每层之间的衔接，在后期就很难保证作品的完整性。泥条盘筑法所制作的器皿通常重量不轻，表面可在经过抛光后达到预期的美感。

早期的华夏文化就存在泥条法筑作的古陶容器，如陶盘、陶罐、陶壶等。现代陶艺家依旧热衷于泥条盘筑的手工创作，此方法更适合创造一些复杂、随性、比较有张力的陶瓷艺术作品（图5-12、图5-13）。

图 5-11　手捏成型

图 5-12　泥条盘筑成型

Note：

图 5-13　泥条盘筑成型花瓶

③泥板成型。

　　用泥片或者泥板制作陶罐主体可以有较大的表面，这为陶艺家提供了各种可能性，也有助于他们尝试运用各种装饰技巧。

　　泥板可以放在有麻布或其他纺织品覆盖的工作台上单独滚压，这能防止粘连。滚压轴与两侧的木制围栏相连，以保证泥板有相同的厚度。泥板要有规律地经常翻转，一般从黏土的中间向外碾压，以便使泥片轻松地往外伸展。

　　用切泥弓可以直接切下泥片，甚至挤压出形状。由于大块的泥片在干燥和烧制过程中特别容易弯曲，所以含有烧粉熟料和沙子的粗质黏土是比较好的选择。

　　由于泥板太软，它们会因无力支撑而自己塌陷，用泥板制成圆形，或者用模具和模型成型是最好的选择，轮换采用这些方法是进一步加工制作的前奏。用软泥片简单地包裹一圆管或滚轴就可以形成圆柱形，需要先用报纸把圆管包起来，以方便取出。

　　如果让泥板放至半干状态，它们就可以被切割或粘连，硬纸板或简单的纸质模板能使其有统一的形状和尺寸。为了让泥板能粘连在一起，需要对其进行仔细的切割，然后使用泥浆黏合，也可用一根添加的泥条混在其中以使其黏合牢固。具体步骤如下：

　　A. 切泥板（图 5-14）：

　　a. 用切泥弓在准备好的黏土块上直接切下厚薄均匀的泥板。每切下一片泥板，切泥弓就向下移动一格。

b. 然后用滚压轴在铺有纺织品的工作台上碾压，最后得到一块均匀平整的泥板。

B. 制作圆柱体：

a. 要制作由泥板卷成的圆柱体，首先需要切除泥板上下两端凹凸起伏的边缘，用报纸将管状物包裹好，再把泥板卷在它的外面。铺在工作台上的织物可以帮助完成这个程序。

b. 在多余泥板的重叠部分，以45°角切开，去除切下的部分，在两边的泥板中添加泥浆，使它们黏合在一起，成为一个封闭的管子。

c. 用切割和泥浆黏合的方法可以为管状圆柱体添加底座，其中的管状物可以保留到黏土开始变干时取出，否则黏土的收缩会使其活动受限。

d. 凹凸不平的边线可以切掉。测量并标出圆柱体边线的一些最低点，再把这些点连接成一线，然后沿此线把它切平。如果可能，用一条软而薄的泥条来黏合接缝。这时圆柱体就可以用于装饰或使之成为某复杂器皿的一部分。

C. 制作盒子（图5-15）：

a. 把半干的泥板黏合起来可制作成泥板作品，这需要把每一块泥板仔细地用泥浆黏合起来。底座泥板须恰到好处，再用薄而软的泥条把每一块泥板黏合成一体。

b. 所用黏土在还可以改变的半干状态时容易破碎，且器皿的外形也有些拘谨，这是泥板制成的器物的普遍特征。由于干燥、烧制过程中的压力，就这类作品而言，采用粗质、多孔的黏土是明智的选择。

c. 当所有的面被黏合在一起以后，可用合适的工具将其外表磨光。外表要仔细地黏合以减少开裂的危险。

d. 器皿的四边可以在测量后，用一把锋利小巧的切泥弓分别弄平。

泥板成型陶艺作品如图5-16、图5-17。

图 5-14　圆柱体泥板成型

图 5-15　方盒泥板成型

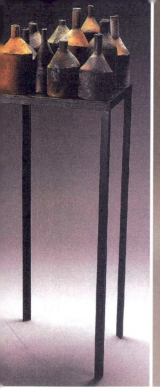

图 5-16（左）　静静地生活　泥板成型器皿组合　南希·塞尔维（美国）

图 5-17（右）　对角器皿　泥板成型器皿　比尼特·比恩（美国）

④拉坯成型。

拉坯法是目前最为人们所熟知的陶瓷成型工艺之一。拉坯法是依靠陶瓷转轮的旋转，在坯体转动时，通过手的发力控制坯体每个部位的变化，最终对称成型。如今陶瓷辘轳机已从最初的脚动操作升级到自动的现代化小型机器，大大方便了制作过程。拉坯法是手和泥之间最为浪漫的亲密接触，由于制作的手法不同，每件拉坯成型的作品都有着不可复制的独特个性。而复制类似的产品则更需要在拉坯的过程中注意所有的细节和差异（图 5-18 ~图 5-21）。

Note：

图 5-18　拉坯成型步骤

图 5-19　罐的拉坯过程　　　　　　　　　　图 5-20　拉坯成型陶罐

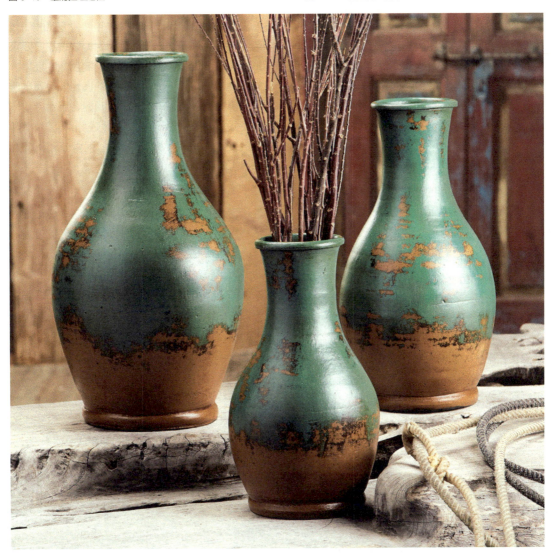

图 5-21　拉坯成型花器

⑤挖空成型。

将泥坯的外形切割成需要的形体。选用合适的挖切将雏形内部挖空，然后将雏形反扣，修整底部。有时也是雕塑土块表面所必须进行的处理，因为饱实土块在素烧过程中可能会炸开（图5-22）。

图5-22 挖空成型步骤

⑥印坯成型。

印坯是一种古老的传统手工制作陶瓷的成型技术。现代以石膏做模具，一般是以石膏内为准，印制所需要的陶瓷坯体，印坯的泥坯含水为30%左右。

取适量制备好的泥料（一般先拍成厚度均匀的泥板）投入石膏模具内，用手工抚压，使泥料填在模子内壁的各个角落，然后修整，印成一定形状粗坯。一般适用于异形与精度要求不高的制品，如用于陶瓷板、方瓶、圆雕，及壶嘴、壶柄、局部装饰附件等配件的成型。此法优点为不需机械设备即可成型坯体，但生产效率低，批量生产已逐渐为机械施压与注浆成型法所取代（图5-23）。

图5-23 印坯乌龟

5.1.2 注浆成型

注浆法是目前最适合大工业生产的一种制陶工艺，是一种通过石膏模具和液体泥浆共同创造的陶瓷设计工艺。注浆成型对泥浆的品质要求很高，配料优良的泥浆能创造出高质量的坯体，厚薄均匀，表面平滑，像骨瓷的质地就呈现半透明状态。在倒泥浆进入石膏模具时，应保持动作的持续性，倒满了再停，防止表面形成波纹。陶器的注浆时间需要约20分钟，而骨瓷和陶瓷则5~8分钟即可。

①工艺过程：将制备好的坯料泥浆注入多孔性模型（通常为石膏模型、多孔树脂模型和无机填料模型）内，由于多孔性模型的毛细管吸水性强，泥浆在贴近模壁的一侧被模子吸水而形成均匀的泥层，并随时间的延长而加厚。当达到所需厚度时，将多余泥浆倒出，最后该泥层继续脱水收缩而与模型脱离，从模型取出后即为毛坯（图5-24）。

②工艺特点：适于成型各种产品，形状复杂、不规则、薄、体积较大而尺寸要求不严的器物；不管是什么外形、结构的陶瓷饰品，注浆成型都能实现陶瓷产品批量生产的理想效果；坯体结构均匀，但含水量不均匀，干燥与烧成收缩率大。

Note：

图 5-24　注浆成型

（1）空心注浆

空心注浆又称单面注浆，如图 5-25 所示。

（2）实心注浆

实心注浆又称双面注浆，如图 5-26 所示。

（3）强化注浆

强化注浆（注浆方法的改良）是在注浆过程中人为地施加外力，加速注浆过程的进行，使吸浆速度和坯体强度得到明显改善的方法。

①真空注浆。模具外抽真空，或模具在负压程序下，造成模具内外压力差，以此来提高成型能力（图 5-27）。

②离心注浆。是模型在旋转情况下进浆，泥浆受离心力作用紧靠模型形成致密的坯体。泥浆中的气泡由于比较轻，在模型旋转时多集中在中间，最后破裂排出，因此也可以提高吸浆的速度与制品质量（图 5-28）。

③压力注浆。通过提高泥浆压力来增大注浆过程中的推动力，加速水分的扩散，不仅可缩短

注浆时间，还可减少坯体的干燥收缩和脱模后坯体的水分。注浆压力越大，成型速度越快，生坯强度越高，但受模型强度的限制（图 5-29）。

④热压注浆。在模型两端设置电极，浆料注满后，马上接交流电，利用浆料中少量电解质的导电性加热，升温至 50℃ 左右，可以加快吸浆速度。当泥浆温度为 15℃ ~ 55℃，黏度会降低 50% ~ 60%，坯体成型速度提高 32% ~ 42%（图 5-30）。

⑤电泳成型。根据浆料中黏土粒子（带有负电荷）在电流作用下能向阳极移动，把坯料带往阳极而沉积在金属模的表面而成型。模型用铝、镍、镀钴的铁等制成（图 5-31）。

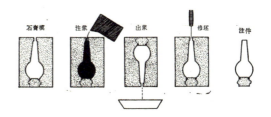

图 5-25　单面注浆示意图

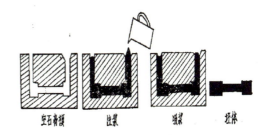

图 5-26　双面注浆示意图

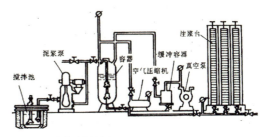

图 5-27　真空注浆设备原理

图 5-28 多模离心注浆机

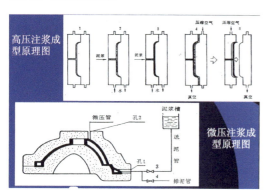

图 5-29 高压注浆与低压注浆成型原理图

图 5-30 热压注浆机

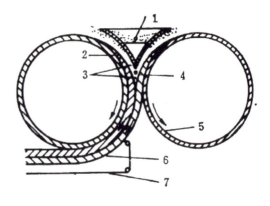

图 5-31 电泳成型示意图

5.1.3 压制成型

　　陶瓷从产品原型到批量生产，要降低产品的成本，需要投资大量的模具设备。在投资较少的前提下，可以采用相对来说低成本、高产量的成型工艺——压制成型。

　　压制成型是将含有一定水分（或其他黏结剂）的粒状粉料填充于模具之中，对其施加压力，使之成为具有一定形状和强度的陶瓷坯体的成型方法，又称模压成型（图5-32）。

　　粉料压制成型。干粉压制技术无需加热、加压就能将模具的两个部分结合在一起。由于水分和黏结剂较少，所以在压制成型后强度较大且不易变形，是批量生产陶瓷产品最经济的一种成型方法。

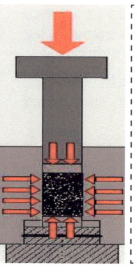

Note：

图 5-32 压制成型原理

①干压成型。干压成型或模压成型，就是将陶瓷干粉坯料填充入金属模腔中，施以压力使其成为致密坯体（图5-33）。

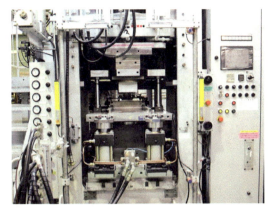

图5-33　干压成型机

②等静压成型。是指装在封闭模具中的粉体在各个方面同时均匀受压成型的方法，等静压成型是减压成型的一种新发展。因模型的各个面上都受力，故属于减压成型。等静压成型主要是利用液体或气体能够均匀从各个方向传递压力的特性实现坯体均匀受压成型的。它又分常温静压（或冷静压）和高温等静压（或热静压）（图5-34）。

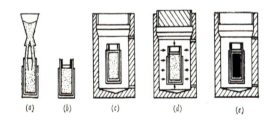

等静压过程示意图

a—装模；b—封闭塞紧模具；c—放入高压容器；d—加压；e—取模

图5-34　等静压成型过程示意图

③热压铸成型。指将含有石蜡的浆料在一定的温度和压力下注入金属模中，待坯体冷却凝固后再进行脱模的成型方法。主要工序：制备蜡浆，坯体浇注成型，排蜡（图5-35、图5-36）。

压铸成型法是塑料工业里的标准生产方法。传统的茶杯制作是将杯子和把手先分开成型，然后黏合而成。因此这些生产属劳动密集型生产，速度慢，成本相对高。压铸黏合剂价格昂贵，且

在烧制小件物品时容易开裂，故用于陶瓷生产不多，绝大部分的技术发展是基于骨瓷制品的，未来有望拓展出一整套全新的商业与设计概念。

在英国陶瓷研究公司、皇家道尔顿公司及物理科学研究协会的联合资助下，研发人员终于开发出一种低成本、利用压铸成型法进行大批量生产的骨瓷杯制作技术。从1962年至今，已经有将近10亿件的骨瓷杯子被销往市场，这是陶瓷技术开发史上最为成功的一个例子（图5-37）。

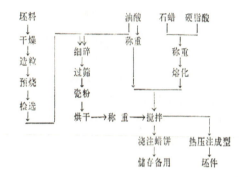

图5-35　热压铸成型工艺

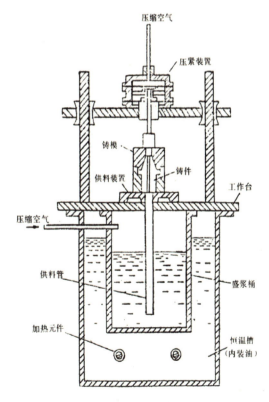

热压铸机构造示意图

图5-36　热压铸机构造示意图

图 5-37　英国皇家道尔顿公司生产的仿古骨瓷玫瑰杯

. . . .

5.2 陶瓷饰品批量生产的一般工艺流程

. . . .

陶瓷产品的一般工艺流程即生产过程是指从准备原料开始，一直到把陶瓷产品生产出来的全过程。它是使陶瓷原料成为具有使用价值、审美价值和经济价值的陶瓷产品的过程。

5.2.1 陶瓷饰品批量生产简述

（1）陶瓷饰品的一般工艺流程

一般来说，陶瓷生产的一般工艺流程包括坯（泥）与釉料制造、坯体成型、陶瓷烧结三个基本工艺过程。按照生产各阶段的不同作用，陶瓷生产过程的组成可分为生产技术准备过程、基本生产过程、辅助生产过程和生产服务过程。

具体生产工艺流程如下（图 5-38）：

坯釉原料进厂后，经过精选、淘洗，根据生产配方称量配料，入球磨细碎，达到所需细度后，除铁、过筛，然后根据成型方法的不同，机制成型用泥浆压滤脱水，真空练泥，备用。对于化浆工艺，把泥浆先压滤脱水，后通过加入解凝剂化浆，除铁、过筛后备用；对于注浆成型用泥浆，进行真空处理后，成为成品浆，备用。

成型工序：分为滚压成型和注浆成型。然后干燥、修坯，备用。

烧成工序：在取得白坯后，入窑素烧，经过精修、施釉，进行釉烧，对出窑后的白瓷进行检选，得到合格白瓷。

彩烤工序：对合格白瓷进行贴花、镶金等步骤后，入烤花窑烧烤，开窑后进行花瓷的检选，得到合格花瓷成品。

包装工序：对花瓷按照不同的配套方法、各种要求进行包装，即形成本公司的最终产品，发货或者入库。

Note：

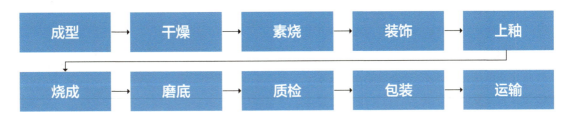

图5-38　陶瓷饰品工艺流程

（2）陶瓷生产过程成型特点

① 陶瓷生产过程是一种流程式的生产过程，连续性较低。陶瓷原料由工厂的一端投入生产，按照一定流程顺序经过连续加工，最后成为成品，整个工艺过程较复杂，工序之间连续化程度较低，流水作业线程度不高，尤其是陈设瓷的生产更具有浓厚的手工作坊特点，迄今缺少工业化生产的规模与条件。

②陶瓷生产过程的机械化、自动化程度较低。陶瓷工业是我国的传统劳动密集型产业，陶瓷工业技术装备长期处于落后状态。机械化和自动化程度相当低，大部分机械设备只相当于先进制瓷国家20世纪五六十年代的水平，彩绘、检验、包装等工序还依靠手工操作。

③陶瓷生产工序复杂，周期较长。一般一款新设计的产品从打样到生产出批量产品至少要三个月以上，甚至更长。

④陶瓷生产过程中如石膏模型、匣钵等辅助材料消耗量大。

⑤陶瓷生产需要消耗大量的燃料和电能源。陶瓷需在1000℃左右高温条件下进行烧结，才能使坯体瓷化、釉层玻化，日用陶瓷烧成更需要在1200℃～1300℃以上，加上各种机械和电器，能源消耗很大。

⑥运输数量多，运输量大。品种繁多的原料、半成品、成品及产生的余料、废料等都需要运输。

⑦陶瓷生产过程中产生的烟气、粉尘、固体废料和工业废水污染环境较严重。

⑧陶瓷生产过程的专业化和协作水平相对其他工业生产要低。

（3）合理组织生产过程的基本要求

为了保证陶瓷企业生产过程能顺利进行，必须对生产过程进行科学、合理的组织，使整个陶瓷生产过程的各个生产环节、各工艺阶段和各道工序之间都互相衔接，密切配合，使产品在生产过程中行程最短，时间最少，耗费最小，效益最高。要达到上述目的，必须注意按下列要求组织陶瓷生产，过程如下：

①生产过程的连续性。即产品在生产过程的各个工序、各个工艺阶段之间的过渡，在时间上

是紧密衔接的、连续的，减少中断现象。保持和提高陶瓷生产过程的连续性，可以缩短产品的生产周期，加速资金的周转，改善产品的质量。

②生产过程的比例性。即在整个陶瓷生产过程中，基本生产过程同辅助生产过程之间，生产各个阶段、各个工序之间，在生产能力上保持一定的比例关系。必须采取措施，加强生产组织工作，及时调整各种比例不协调的现象，建立新的比例关系以适应变化了的情况，保证陶瓷企业生产的发展。

③生产过程的节奏性。陶瓷企业要加强计划组织工作，使各个生产环节协调进行，注意及时投料、及时成型和及时焙烧，以及日常生产准备和生产控制。

④生产过程的平行性。即各个阶段、各个工序之间平行交叉地进行作业，它们在时间上是连续的，在空间上是并存的。

⑤生产过程的适应性。是指生产过程适应市场多变的特点，能灵活进行多品种小批量生产，以不断满足社会需要的适应能力。市场对陶瓷新产品的需求日益增加，迫使陶瓷企业要不断创新发展新产品，为此必须采用计划评审法、成组工艺和多品种混流生产等先进的生产组织方法，采用适应性强的机器设备以及柔性生产制造系统，以适应生产变动的需要。

在组织陶瓷生产过程时，必须对上述基本要求全面综合考虑。

5.2.2 陶瓷饰品手工小批量生产的具体工艺流程

以景德镇手工作坊的陶瓷饰品小批量定制生产过程为例。

①前期。

a. 根据图稿雕塑（参阅第四章）；

b. 做样品模型（图5-39）；

c. 模具烘干。

②制作。

a. 炼泥、筛泥（图5-40、图5-41）。

b. 模具处理（图5-42~图5-44）。

c. 注浆倒浆（图5-45 ~图5-49）。

d. 生坯晾干（图5-50）。

e. 修坯补水（图5-51、图5-52）。

f. 施釉、筛釉（图5-53）。

g. 烧窑（装窑、开窑）（图5-54 ~图5-56）。

h. 磨底（图5-57）。

③后期（略）。

图5-39 做样品模型

图5-40 搅拌泥浆

图5-41 泥浆过筛

图 5-42　模具晾晒

图 5-46　倒浆

图 5-43　模具清理

图 5-47　等坯半干成型

图 5-44　合模

图 5-48　取坯

图 5-45　注浆

图 5-49　出模的生坯

图 5-50 生坯晾干

图 5-53 施釉后晾晒干

图 5-51 利坯（修坯）

图 5-54 装窑

图 5-55 烧窑

图 5-52 补水

图 5-56 出窑

图5-57 磨底

5.2.3 陶瓷饰品机械化大批量生产的具体工艺流程

① Vitro porcelain 陶瓷厂马克杯（姆明杯）铸模成型烧制过程。

a. 准备好一筒筒的陶瓷原料——瓷泥，准备进行加工（图5-58）。

b. 将陶瓷的原料，放进铸模当中，让马克杯成型（图5-59）。

c. 切割出杯柄的形状，准备接上杯身（图5-60）。

d. 喷上釉料，这个动作要均匀，为了产生保护的作用（图5-61）。

e. 将产品放入1260℃的烤箱中烤20小时，让陶土密实（图5-62）。

f. 将姆米图案输出印制到特殊纸上（图5-63）。

g. 以人工的方式，将姆米的图腾精准地浮贴在表面（图5-64）。

h. 再度进火炉，以890℃~1200℃的温度，将贴上的图案溶解，殿入釉料之下（这是釉中彩烧制过程）（图5-65）。

i. 人工检查，稍有瑕疵品就丢进回收筒，用于次级再生用途（图5-66）。

j. 检查完好的产品，才会装入包装盒，送到各地（图5-67）。

k. 可爱动人的姆米杯，终于进入你我的家（图5-68）。

图5-58 准备瓷泥

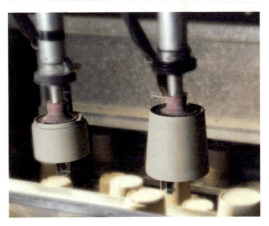

图5-59 铸模成型

图5-60 切割杯柄

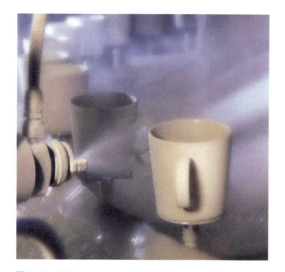

图 5-61　喷釉

图 5-64　贴图

图 5-62　烤制

图 5-65　釉中彩烧制

图 5-63　印刷图案

图 5-66　质检

图 5-67　包装运输

图 5-68　成品

②潮州潮安派陶瓷公司具体生产流程。

a. 起版雕塑制模：图稿或实样——石膏雕塑、泥雕或电脑雕塑，垫模——样品模具（图5-69）。

b. 做生产模印：根据图纸雕出母模——硫磺KS母模，制作生产模，烘模（图5-70）。

c. 炼泥：原料检验—配料—研磨—除铁—过滤，根据不同的器型采用不同脱水摞泥成型（图5-71）。

d. 成型（滚压成型）：产品形状为圆形规则的盘、碗、杯类都可以采用滚压成型。不同器型需要制作安装相应的塑料滚头，滚压后需修坯、补水。土坯成型（图5-72）。

高压成型：不规则的盘、碗、杯类产品采用高压成型，正常30分钟（根据模印干湿和器型大小适当调整时间）内脱模，取出生坯（图5-73）。

注浆成型：根据器型采用传统注浆或离心注浆，壶、小件异形及形状多变的采用注浆成型。注浆的速度不宜过快，以免泥浆内有过多的空气包住，造成坯体出现针孔及坯体气泡（图5-74）。

e. 脱模：注浆大件产品正常需要3~5小时，小件及配件0.5~2小时（根据模印干湿和器型大小适当调整时间）即可脱模（图5-75）。

f. 修坯、补水：切口—安装—修坯—（用湿海绵）洗坯（图5-76）。

g. 生坯质检：检查生坯是否有土渣或角线是否明显，安装类产品配件（壶顶、杯把、盖顶）是否安正（图5-77）。

h. 装窑：贴板装窑的产品要按纸样先画板再装窑，减少变形率，窑装好了要再次检查是否有漏装，窑具要放正、放稳，防止倒塌。

装窑前，生坯都要进行吹坯，吹掉灰尘，减少污染；产品与窑具之间的接触面一定要进行刷氧化铝粉处理，避免经高温后粘板；每款产品都要做专业匹配的槽托，以减少变形（图5-78）。

i. 生坯素烧：瓷器素烧温度一般为1200℃～1300℃（根据产品类型适当调整烧成温度）（图5-79）。

j. 素坯质检：按照质量标准挑选，用明亮的灯光照射素坯，用红墨水检测是否开裂（图5-80）。

k. 抛光：用机械抛光，按抛光产品调整抛光转速，抛光后要清洗干净（图5-81）。

手工打磨：雕通类产品或线条尖锐产品机抛易损，采用人工砂纸打磨，打磨后要清洗干净（图5-82）。

l. 素坯复检：抛光后查坯，严格控制漏查产品。清洗干净，烤房烘干或风扇吹干（图5-83）。

m. 喷釉：喷釉前要检测釉的浓度，在1.6～1.7g/m³，每2小时探测一次。为便于识别，釉中可加食用食品红，方便检查喷釉是否均匀。双面喷釉要等20～30分钟待釉干后再翻坯喷另一面（图5-84）。

插底：喷釉后再次插底，避免粘板造成损失（图5-85），摆上坯车，用风扇吹干，等待装窑（图5-86）。

n.装窑：硅条窑炉适合装盘、碟类，硅板窑炉适合装碗、杯类，装窑前要再次吹坯（图5-87）。

o.釉烧：上釉后第二次烧成，釉烧温度为1120℃，烧结时间为8小时（图5-88）。

p.第四次质检：釉烧后按工厂质量要求挑出正品，产品磨底，正品入库。

q.贴花：按客户和设计要求起版制作花纸，一般分釉上、釉中和釉下贴花；按花纸温度装窑烤花，釉下贴花用生坯贴花，釉中贴花用素坯贴花，釉上贴花用釉烧贴花。贴花—刮水—风干—擦花。（图5-89）擦花：贴花产品风干后要用水把残留的胶渍、灰尘洗干净，用温水擦，擦好后摆回板上，用风扇吹干（图5-90）。

r.装窑：不同烤花温度的产品要分开装窑，骨瓷产品不能叠放，要分开放（图5-91）。

s.烤花：烤花温度根据花纸温度调节，釉上彩的贴花温度为700℃～900℃，部分色料加金边产品需要多次烧成。注意升温和降温速度的控制，避免产品炸裂（图5-92）。

t.打底款：底部在刷底标时注意方向及位置（图5-93）。

u.第五次质检：成品质检，包装过程中还要再次查看产品质量。

v.包装：根据客户要求进行包装运输，由于陶瓷属易碎品，故采用安全包装，并贴安全搬运标签（图5-94）。

图5-69　起版雕塑

图5-70　做生产模印

Note：

图 5-71　炼泥

图 5-73　成型（高压成型）

图 5-72　成型（滚压成型）

图 5-74　成型（注浆成型）

图 5-75 脱模

图 5-77 生坯质检

图 5-76 修坯、补水

图 5-78 装窑

Note：

图 5-79　生坯素烧

图 5-82　手工打磨

图 5-80　素坯质检

图 5-83　素坯复检

图 5-81　抛光

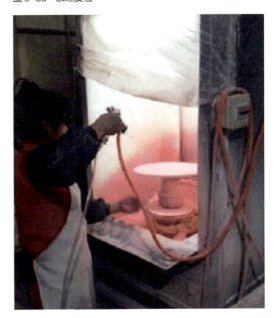

图 5-84　喷釉

图 5-85　插脚

图 5-86　风干

图 5-87　装窑

图 5-88　釉烧

图 5-89　贴花

图 5-90　擦花

图 5-91　装窑

图 5-92　烤花

图 5-93　盖标

图 5-94　包装与运输

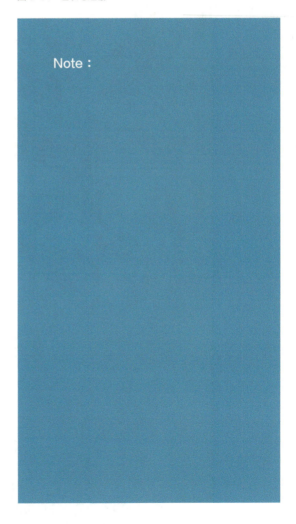

Note：

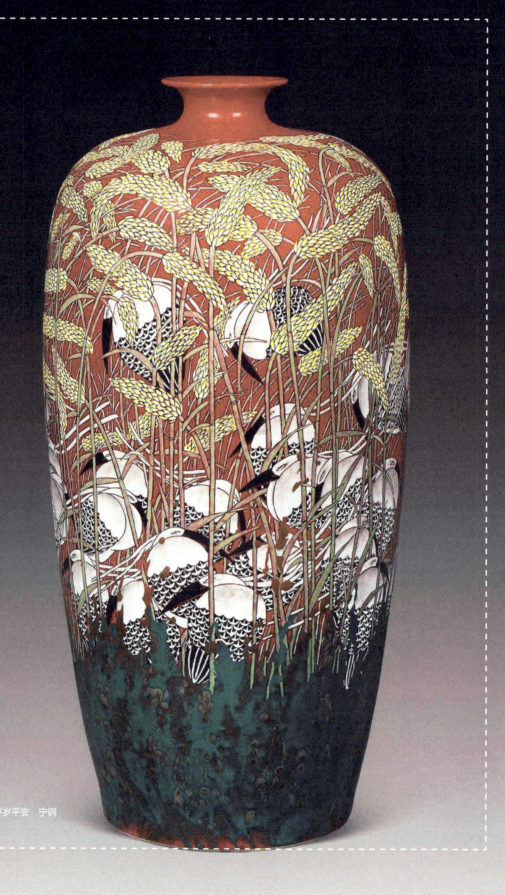

岁岁平安 宁钢

PART 6

陶瓷饰品制备与烧成

釉下彩绘,即用色料在已成型晾干的素坯(即半成品)上绘制各种纹饰,然后罩以白色或者其他浅色面釉,一次烧成。

6.1 泥料

陶土价格便宜，操作简单，是具有良好可塑性的黏土。胎体质地比较疏松，有不少孔隙，含铁量较高，有较强的吸水性，通常用于农村生活器皿、地砖、瓦器等传统器物的制作。陶器素烧温度一般控制在1080℃~1120℃（图6-1）。

图6-1 陶工在沉腐陶土

炻器土质地致密坚硬，跟瓷器相似，吸水率一般在6%以下，有玻璃质感，颜色多为棕色、黄褐色或灰蓝色。烧制温度为1200℃~1300℃。

瓷土又名高岭土，产于中国景德镇附近的高岭地区。瓷土通常呈白色或灰白色，黏性没有陶土强，但可制作出形态各异的白色光泽感极好的胎体。一般情况下，瓷土的烧制温度控制在1260℃~1300℃（图6-2）。

图6-2 高岭土

6.2 色料

6.2.1 颜色彩料

（1）釉上彩绘

釉上彩料，通常使用低温的色釉颜料在已施釉的瓷器上进行彩饰，烧制的温度控制在750℃~850℃，二次入窑，最终保证画面能牢牢地附着在釉面下。釉上彩绘的彩烧温度低，许多陶瓷颜料都可采用。使用釉下彩的陶瓷饰品色调绚丽，但画面容易磨损，光洁度不高（图6-3~图6-5）。

我国釉上彩绘技术有：釉上古彩、粉彩与新彩三种。

图6-3 釉上彩贴花果盘

图6-4 釉上彩贴花饰品

图 6-5　釉下彩挂盘

　　古彩因彩烧温度高又名硬彩，其色图坚硬耐磨，在艺术表现上有一定的局限性（图 6-6）。

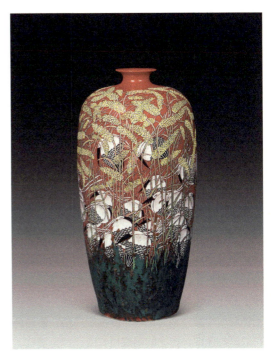

图 6-7　岁岁平安　粉彩瓶　宁刚

图 6-6　碟舞图　古彩瓷板画　刘乐君

　　粉彩是由古彩发展起来的，它的特点是在填色前，须将景物等要求凸起的部分先涂上一层玻璃白，然后在白粉上再渲染各种彩料使其显出深浅阴阳之感。粉彩所用的颜料种类很多，且除了用粉彩颜料之外，还能用古彩与新彩颜料（图6-7）。

　　新彩因来自外国，故也称"洋彩"，它为天然或合成颜料。它的烧成温度范围较宽，配色可能性大，色彩极为丰富，且成本低，是一般日用陶瓷普遍采用的釉上彩绘的方法。目前广泛采用的釉上贴花、刷花、喷花及堆金等可认为是新彩的发展（图6-8）。

图 6-8　温香　新彩花瓶　许润辉

（2）釉下彩绘

釉下彩绘，即用色料在已成型晾干的素坯（即半成品）上绘制各种纹饰，然后罩以白色或者其他浅色面釉，一次烧成。烧成后的图案被一层透明的釉膜覆盖在下边，表面光亮柔和、平滑不凸出，显得晶莹透亮。釉下彩包括青花、釉里红、釉下三彩、釉下五彩、釉下褐彩、褐绿彩等。

①青花。

青花是用含钴料在瓷坯上彩绘，施透明釉经1320℃高温还原焙烧，呈现白地蓝花的釉下彩绘装饰，有素雅恬静之美，最早见于唐代。成熟的青花瓷器当出自元代晚期景德镇窑工之手。元代青花多数是在白胎上画纹饰，施釉烧成后，在白地上显出蓝色花纹。有为数不多的器物，则是在胎体花纹轮廓外填涂钴料，施釉烧成后，使白色花纹跃然蓝地，更为鲜明醒目。自元代至清代，青花瓷盛烧不衰，成为我国瓷业的传统产品（图6-9、图6-10）。

②釉里红。

釉里红瓷是以铜红釉（氧化铜）在瓷胎上绘制蕴含纹，然后罩以透明釉，在高温还原焰中烧成后，纹饰在釉下呈现红色，柔和美观。釉里红的制作是钧窑紫红斑釉窑演变而来的。钧窑的紫红斑纹原为自然形态，有的像蝙蝠，有的像鱼，其后渐渐为人工所控制（图6-11）。

图 6-11　釉里红摇铃樽

图 6-9　清康熙　青花釉下三彩山水渔舟通景图笔筒

图 6-10　闲情童子　青花瓷瓶　吕金泉

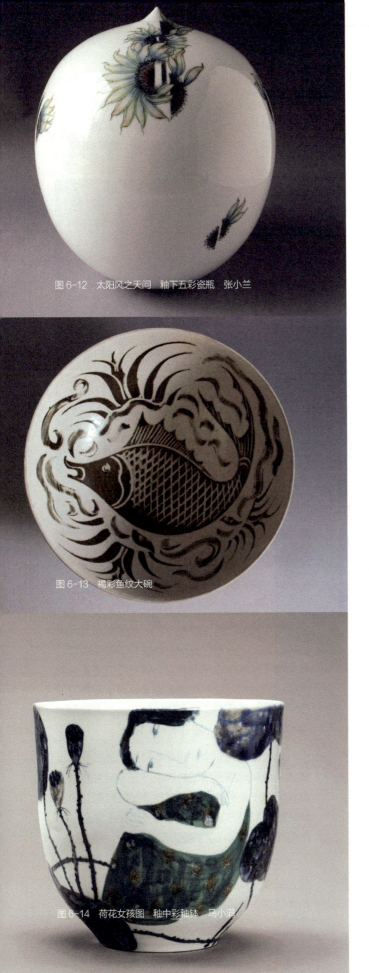

图 6-12 太阳风之天问 釉下五彩瓷瓶 张小兰

图 6-13 褐彩鱼纹大碗

图 6-14 荷花女孩图 釉中彩釉钵 马小涓

③釉下五彩。

釉下五彩也叫窑彩。其制法是将纹样绘于釉下或层中间，经高温一次烧成。其色彩比青花丰富，适宜装饰体薄质精的"高白釉"产品，色彩透明雅丽，釉面光洁滋润，纹样活泼隽秀。由于颜色在釉下，所以经久耐用、永不褪色，也无铅毒（图6-12）。

④褐彩。

褐彩以铁为主要呈色剂的彩料，施于釉中或釉下，有的任其自然流淌变化，烧成后呈现褐色花纹，始见于西晋早期，普遍使用于东晋到南朝早期。唐代四川邛窑器大多在上釉以后用含铁色料绘画，然后入窑一次烧成，谓之釉中褐彩。湖南长沙窑则用含铁色料在瓷胎上绘画，然后上釉烧成，花纹亦呈褐色，称为釉下褐彩。宋磁州窑系的褐彩多以这种方法烧制，纹饰精细（图6-13）。

（3）釉中彩

釉中彩按釉上彩方法施于器物釉面，通过1100℃～1260℃的高温快烧（一般在最高温阶段不超过半小时），釉面软化熔融，使颜料渗入釉内，冷却后釉面封闭。又因釉中彩必须在高温快烧的条件下彩烧，所以又名高温快烧颜料装饰。

釉中彩和釉上彩相比，具有无铅毒、耐机械磨损和抗腐蚀性的优点；它和釉下彩相比，具有呈色稳定、色面均匀的优点。从上述特点来看，釉中彩的出现，为大量生产成套高档瓷特别是餐具、茶具、酒具等实用瓷创造了极有利的条件（图6-14）。

Note：

（4）唐三彩

唐三彩是一种多色彩的低温釉陶器，它是以细腻的白色黏土作胎料，用含铅的氧化物作助熔剂，目的是降低釉料的熔融温度。在烧制过程中，用含铜、铁、钴等元素的金属氧化物作着色剂熔于铅釉中，形成黄、绿、蓝、白、紫、褐等多种色彩的釉色。但许多器物多以黄、绿、白为主，甚至有的器物只具有上述色彩中的一种或两种，人们统称为"唐三彩"，又称"洛阳唐三彩"。

唐三彩先经春捣、淘洗等加工的白色黏土成型，再修整、晾干后，入窑经1000℃烧制冷却后，上釉挂彩，再入窑焙烧至800℃成陶（图6-15）。

图6-15　俄罗斯少女　唐三彩瓷板

6.2.2 色釉

颜色釉瓷，是指在瓷器的釉料中掺入不同的金属氧化物，从而使釉料在不同的温度及焰性中呈现出不同的色泽。颜色釉瓷在中国古陶瓷中占有相当重要的地位，它不仅被广泛应用于民间日用器和陈设器，有的还被用于封建朝廷的日常生活和祭祀活动。其色彩增加了陶瓷饰品的表现力，陶瓷饰品的釉色装饰中常见的有单色釉、复色釉、裂纹釉、无光釉、结晶釉等。

单色釉即烧制后的陶器只呈现一种色彩的色釉，也可称为"一色釉""纯色釉"或"一道釉"。

由于釉内含不同化学成分，烧成后就呈现出不同色泽。如青釉、红釉、黄釉、黑釉、绿釉、蓝釉和白釉等，其中越窑青瓷最负盛名（图6-16）。

图6-16　古瓷新韵青瓷瓶　王成武

复色釉又称花釉，是一种在瓷器制品上运用多种颜色交混一起，形成各种纹样的釉面装饰。烧制前无法辨识花釉的色彩，只有经过窑变的烧造变化后才能呈现不一般的釉面色泽。在陶瓷饰品中，常用到的是乌金花釉、钦花釉、虎斑釉、兰钧釉等花釉样式（图6-17）。

碎纹釉是釉面生成网状龟裂纹，适宜于瓷砖装饰，最早起源于我国的碎瓷产品，后来西方国家将其用于瓷砖装饰，取得格外美的效果。由于碎纹釉的配制方法不同，坯釉会因为膨胀系数的不同而发生不同程度的龟裂现象（图6-18）。

无光釉是指呈丝光或玉石状光泽而表面没有反光效果的釉，通常给人模糊、无光的视觉感。这种釉施于艺术陶瓷上，可获得较佳的效果。无

图 6-17 钧瓷花釉瓶

图 6-18 熊 现代哥窑裂纹瓷雕

光釉在中国古代最经典的范例就是哥窑,有米白、粉青、灰绿、奶酪黄等色(图 6-19)。

结晶釉是指釉内出现明显粗大结晶的釉。它是一种装饰性很强的艺术釉,源于我国古代的颜色釉。结晶釉区别于普通釉的根本特征在于,其釉中含有一定数量的可见结晶体(即我们所能看到的釉面上或釉中的晶花)(图 6-20)。

图 6-20 龙梦 结晶釉瓷板画 吴渭阳

图 6-19 佛像(局部) 无光釉瓷板画 俞军

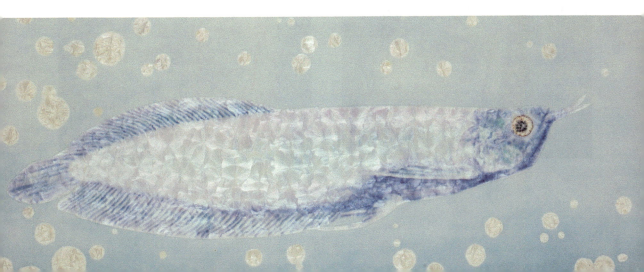

6.3 制作设备

6.3.1 成型设备

①泥浆机：搅拌、调和泥料（图6-21）。

②泥板机：把泥料压成规整的标准泥板，适用于陶瓷企业批量生产（图6-22）。

③注浆回收槽：用于收集模型中多余的泥料（图6-23）。

④注浆机：用于手动注浆或全自动注浆（图6-24）。

⑤拉坯机：用于陶瓷商品的坯体成型。首先拉坯机的操作要十分的简捷便利，整个过程选用半人工半机械化的出产方式，这样出产的产品精度更高（图6-25）。

⑥压坯机：依据模具压制统一规格的生坯（图6-26、图6-27）。

⑦车模机：用于车削石膏模具，也可利削、精修陶瓷坯体（图6-28）。

图6-22　泥板机

图6-23　注浆回收槽

图6-21　泥浆机

图6-24　自动注、倒浆卧式注浆机

图6-25 拉坯机

图6-26 旋压机

图6-27 旋压塑料辊筒磨具（上）塑压机（下）

图6-28 石膏模种车模机

6.3.2 施釉设备

①转台：转台用于支承雕塑作品，只要用手轻轻拉动，台面就可在360°范围内转动（图6-29）。

②喷釉机：压缩空气将釉浆面通过喷釉机喷成雾状。釉层的厚度与坯与喷口的距离、喷釉的压力、喷浆比重有关。适用于大型、薄壁、形状复杂的生坯，可用于自动化生产。可以看出，用喷漆枪喷涂釉是效率比较高和快速加工的陶瓷喷釉工艺，适合自动化生产且大大降低了人工的成本，所以选择喷釉则更快速和便捷（图6-30）。

③上釉机：用于大型陶瓷产品的浸釉及上内釉（图6-31）。

④釉料球磨机：处理釉料，研磨成粉状（图6-32）。

Note：

图6-29 转台

图6-30 大型全自动（机器人）喷釉机

图6-31 上釉机

图6-32 釉料球磨机

6.3.3 烧制设备

（1）电窑

陶瓷电窑是以电力为能源升温烧结的设备。

电窑适合烧结尺寸适中、高温度、高工艺要求的陶瓷产品。电窑的窑炉外壁由金属做成，里面是耐火砖和耐火石棉。电窑一般为氧化烧成气氛，可以作为陶瓷作品的素烧和中、低温釉的烧成，还可烧烤釉上彩等。电窑一般由电脑全程控制烧成，也可根据需要设置不同的烧成温度和曲线，操作便利安全，容易清洁打扫。

电窑主要是靠电热元件的辐射传热，它和窑内充满火焰的传统窑炉不同，因此炉内容积不能太大，否则窑内温度分布将不均匀。目前，电窑的经济效益比传统的窑高，相比较能耗成本低于煤、气窑，更为环保、绿色。许多陶瓷企业、陶艺工作室或高等艺术院校都选择此款设备作为陶瓷烧制的必需设备（图6-33）。

图6-33 电窑

（2）气窑

目前，在各种常规的燃料烧成窑炉中，气窑是最被人所知的一种制陶设备。

气窑共分三种，分别是梭式窑（图6-34）、推板窑（图6-35）、隧道窑（图6-36）和轨道窑（图6-37）。每种不同的气窑都有其烧成曲线，控制方法也不同，基本上是以温度、时间来控制。根据烧成时段的规定温度，适当调节气阀和风门使燃料的燃烧值最高，均匀燃烧而达到需要的温度。梭式窑由窑体、窑车、烟囱、驼车（即窑车车轨）、供气系统（包括钢瓶、输气管道、压力表、气化装置、减压阀等）组成。隧道窑与梭式窑最大的不同之处，是其窑体主要是隧道形式，生坯从隧道一端送进，另一端输出，其预热、烧成、冷却分段进行。

但是气窑在使用过程中常存在安全隐患，由于需要数量可观的液化石油气，明火源多，且多数存在布局不合理、建筑耐火等级低、设备缺陷老化、电气设备安装不规范、违反操作规程等问题，因此，它存在的火灾与爆炸危险性相当大。

图6-35　全自动推板窑

图6-36　隧道窑

图6-37　天然气轨道窑

图6-34　梭式窑

Note：

（3）煤窑

煤窑并非现代产物，古窑址发掘结果证明，早在北宋以前，河北省定窑已经开始使用煤作为燃料烧造瓷器。煤窑简单成本较低，越是靠近煤炭生产地，其所建的煤窑面积就越大，烧制的陶器大多都是体积较大的陶瓷产品。

因为温度高，瓷器的品质已经从软质瓷进化到硬质瓷，煤窑烧制的瓷器品质，无论是胎体的密度还是釉面的透明度，大大超过柴窑烧造的瓷器，已经具备近代瓷器的品质。煤窑按建窑造型和细部功能区别，可分为倒烟窑、阶梯窑、馒头窑等。窑体以及内部的空间根据烧制瓷器的尺寸和数量制定最后的设计容积（图6-38）。

图6-38 煤窑

（4）柴窑

使用柴窑烧成的陶瓷器品质与古瓷器是最为接近和神似的，这主要是因为制瓷泥料和釉料等制瓷原料适应了柴窑的烧成曲线。在古代老柴窑的烧制环境中，可以去除掉釉水中含氧化物的危害物质，甚至在去掉危害物的同时造出釉面白里泛青的玉质效果，巧夺天工。

柴窑发展往往受限于三个因素：一是窑炉不能长期利用，一般一座窑使用60~80次必须重建，如此反复建窑成本太大。二是废柴太多，造成生态资源严重浪费。据不完全统计，每烧1公斤瓷器需松柴2~3公斤，而大的蛋形窑一次可烧10~15吨日用瓷器，需松柴的数量更是达到25~40吨。三是烧一次窑要有一整套经验丰富的班子集体协作，特别是把桩（看火）师傅，没几十年成功经验是不行的。柴烧的过程如图6-39所示。

图6-39 柴窑

6.4 烧成

6.4.1 气烧

液化气窑炉所用的液化气或天然气，纯净、少杂质，燃料浪费率低。其火苗由喷火口控制，喷火口的大小可人为地进行调控，操作简单，炉火火焰纯净，窑内气温平缓变化，利于呈现色泽均匀平稳的陶瓷釉面。

气窑制品一般都鲜艳明亮、色彩秀丽。根据气氛和温度的调节，气窑可以出还原焰也可以出氧化焰。在合理的烧成制度下也能产生丰富多彩、品位高雅的艺术效果。它比较适合做艺术陶瓷，气烧的烧制过程如图6-40所示。

①慢火慢热升温，在400℃左右，窑门开出一条缝，以每分钟升温1℃的进度缓慢升温，烧至400℃后关紧窑门。

②表面上釉素烧，为保证坯体能承受热量的冲击，温度控制在900℃~1000℃。

③窑内温度升至1100℃~1280℃，根据窑内传热的特点，窑内的陶瓷饰品既可以选择烧还原气氛也可以选择氧化气氛，根据陶瓷效果控制好窑内温度。

④烧至结束后，待窑内温度下降后再打开气窑，把陶瓷作品拿出来冷却即可。

图 6-40 气窑烧成过程

6.4.2 电窑烧

电热窑炉的传热方式不同于气窑，主要是电热体的固体辐射传热及自然对流传热，一般是 1200℃ 的，可以烧氧化气氛，所以泥巴、釉都是按照这个温度来制作的。电窑比较适合烧制日用陶瓷。

电烧的过程如下：

①表面上釉素烧，为保证坯体能承受热量的冲击，温度控制在 900℃ ~1000℃。

②窑内温度升至 1200℃，根据窑内传热的特点，此时气窑内的陶瓷饰品可以烧氧化气氛，根据陶瓷效果控制好窑内温度。

③烧至结束后，待冷却后打开窑门，把陶瓷作品拿出即可。

6.4.3 柴烧

柴烧，指利用薪柴为燃料的烧制方式，作品可分上釉（底釉）与不上釉（自然釉）两大类。柴烧是一种古老的烧制方法，木材为主要的烧窑燃料，烧制陶器时用匣钵罩住坯体，将木灰与火与制品隔离开，避免直接接触在釉面上落灰或在胎体上走火而造成"瑕疵"。然而现代陶艺制作却要充分利用灰痕火印，发挥烧制"瑕疵"产生丰富的窑变艺术效果，形成质朴、古拙、浑厚的自然美（图6-41）。

现代我们通常指的柴烧源于日本的侘寂美学，多用于茶具和茶器。柴烧作品的成败取决于土、火、柴、窑之间的关系。

土：柴烧专用陶 / 瓷土，经制陶者自行调配，但要考虑陶土耐烧温度、柴窑性质、薪柴种类等。

柴：一般以松枝等带枝叶的薪柴为佳，需置放三至六个月以上干燥，以利于木材燃烧，现代都市利用废旧木材进行柴烧。

窑：需建造专门的柴窑，一般烧窑需三到五天不间断投柴，添柴的节奏和方式、薪柴种类、天气状况、空气进流控制等细微因素都会影响窑内柴烧作品的色泽和窑变效果。

灰：柴窑烧陶时，完全燃烧的灰烬极轻，随

着热气流升腾。当窑温达 1200℃ 以上时木灰开始熔融，木灰中的铁与坯体中的铁发生化学反应形成灰釉，呈现不同色泽的窑变釉。这种方式形成迷人的"自然落灰釉"。

柴烧全过程：成型—晾坯—素烧—上釉—装窑—封窑—点火、投柴—观火—退灰—开窑（图6-42）。

①创作成型、晾坯、素烧（略）。

②上釉。柴烧作品一般先经过素烧再上釉，也可生坯直接上釉。

③装窑。装窑要尽量紧凑以便能容载更多作品，同时要考虑烧制后的"火痕"效果而确定制品摆放的向背关系和间距。

④封窑。

⑤点火、投柴。烧柴窑最后选择无雨、无大风天气，投柴根据观火和温度需要及时掌握节奏。

⑥观火。观火需要丰富的经验，通过火焰的大小和颜色来判断窑温和气氛，此过程不是独立过程，应该贯穿烧窑的全过程。

⑦退灰。就是烧制到一定程度后，柴灰堆塞造成燃烧缓慢，需要用铁耙铲及时清出。

⑧开窑。待冷却 1~2 天后开窑。

Note：

图 6-41　日用陶瓷饰品　赵磊

图 6-42　柴烧全过程

6.4.4 乐烧

"乐烧"（raku）的做法来自16世纪的日本，是一种低温烧陶的制造方法，受日本茶道文化的影响，广泛应用于茶碗器皿，后期受各国艺术家追捧，流传至世界各地。

乐烧是一种独特的烧制工艺，可以烧制任何成型和表面处理过的陶瓷器皿。质地较薄的坯体在烧制后通常会产生意想不到的效果，但也会存在冷却后连接处炸裂的现象。因此，坯体要求泥料具有较好的冷热特性，通常会在泥料中掺入适量的耐火泥料等，加强坯体抗热抗冷的性能。

乐烧的过程如下（图6-43）：

①表面上釉素烧，为保证坯体能承受热量的冲击，温度控制在900℃~1000℃。

②素烧后，给素胎上乐烧专用的釉料和色素，温度在700℃~1000℃（瓷胎一般在900℃~1000℃，陶胎一般在700℃~900℃），升温的时间为60~80分钟。当色胎的表面有气珠冒出时，表明釉料已经产生熔化。熔化时就可开窑，用铁钳将器皿夹出，趁它还热的时候，就放入事先准备好的铁桶，用锯木屑或是其他易燃的有机物如枯叶、稻草、报纸、干果皮将其掩埋，阻绝空气的侵入，以便达到还原反应。

③视创作的需要，器皿放置于铁桶的时间可自由变化。从铁桶取出器皿后，则放入水中冷却，防止器皿釉面的再度氧化。如果是封闭的器皿，为了避免坯体破裂，可选择放在湿的木屑中慢慢冷却。

④等作品完全冷却后，用金属刷仔细地清理釉面的表面，直到釉色渐渐露出，器皿制作完成。

6.4.5 盐烧

盐烧是一种特殊材料、特殊工艺的构成手段，盛行于12~14世纪的德国，美国的盐烧是德国移民迁居而传入的，当时主要用于船上存放食物和液体的器皿。盐烧指把普通食盐（氯化钠）引入陶瓷烧制过程中，氯化钠挥发产生的钠蒸汽与附着在瓷器表面上的铝、硅发生反应形成的带有肌理的透明釉或色釉统称"盐釉"。盐釉温润、质朴、坚硬并且耐腐蚀（图6-44、图6-45）。

盐烧的过程如下：

①将陶瓷坯体置入窑炉中进行高温烧制。

②待温度达到1200℃，可将溶有食盐的盐水洒入窑炉中。洒入盐水的目的是加快氯化钠的快速生成。加盐水时会导致窑内温度降低，因此每洒入盐水后都需等上几分钟，待窑内温度回升后再撒入盐水，反复几次就可达到预期的效果。

图6-43 乐烧过程

图6-44 盐烧窑内景 俞杰星

图6-45 盐烧作品 弗格斯·托尼（美国）

6.4.6 砂陶熏烧

熏烧是一种将陶瓷表面转变成黑色的烧制方法，此方法可追溯至一些古老的未开发的部落族群。最初的熏烧是用于满足陶器的实用性，如今，这种随意、偶然性的熏黑效果激发了众多设计者的创作灵感，已逐渐转变成一种意象的表达方式和淳朴、自然的装饰艺术手段。熏烧的过程如下（图6-46、图6-47）：

①表面上釉素烧，为保证坯体能承受热量的冲击，温度控制在900℃~1000℃。

②用砖头搭建小型的炉窑或是挖制一个土坑，大小视烧制的坯体的造型而定。将素胎置入炉窑或土坑中，放入木屑、刨花等易燃物，点火燃烧。燃烧时产生的二氧化碳会渐渐渗入到素胎的表层，形成熏黑的斑驳痕迹。

③燃料烧制结束后，可将器皿的表层清理干净。如果对其装饰效果不满意，可经过再次素烧还原干净的表面，重新再次熏烧。

图 6-46　砂陶烧制

图 6-47　四川荥经砂陶茶叶罐

PART 7

作品欣赏

图 7-1 许燎原作品

图 7-2 姜允球作品（韩国）

图 7-3 赵忠彙作品（韩国）

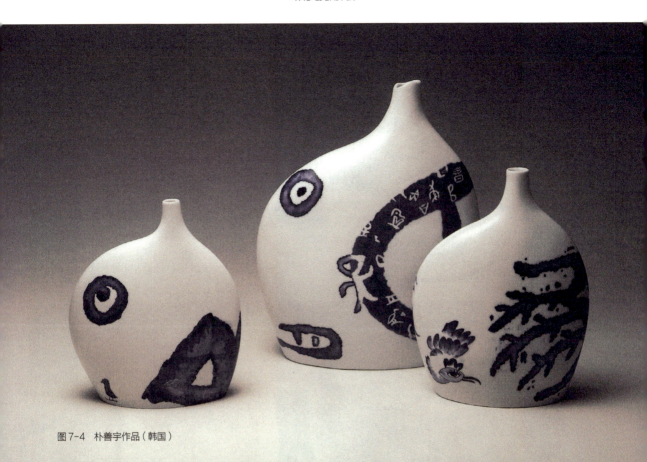

图 7-4 朴善宇作品（韩国）

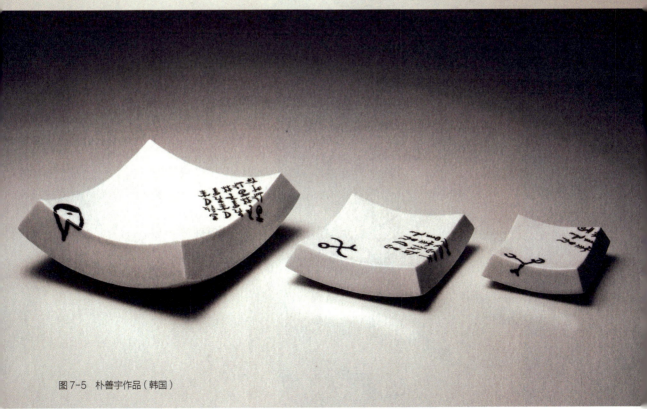

图 7-5 朴善宇作品（韩国）

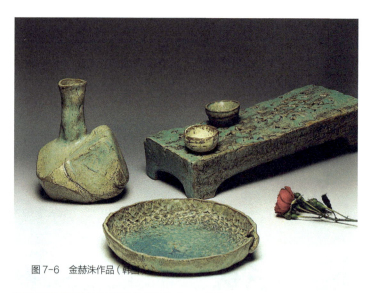

图 7-6 金赫洙作品（韩国）

图 7-7 金赫洙作品（韩国）

图 7-8 金赫洙作品（韩国）

图 7-9 Dick van Hoff 作品（荷兰）

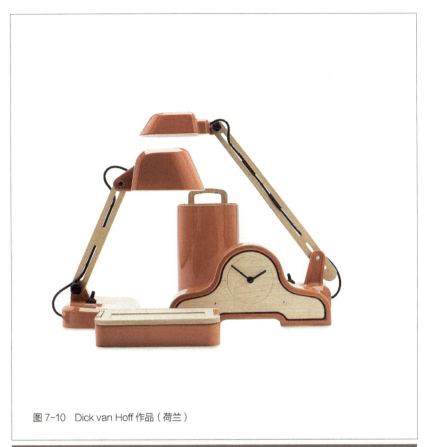

图 7-10　Dick van Hoff 作品（荷兰）

图 7-11　Monica Ritterband 作品（丹麦）

图 7-12　金东辰作品（韩国）

图 7-13　Hella Jongerius 作品（荷兰）

图 7-14　Hella Jongerius 作品（荷兰）

图 7-15　Moooi 品牌　马塞尔·万德斯（荷兰）

图 7-16　Moooi 品牌　马塞尔·万德斯（荷兰）

图 7-17　Hella Jongerius 作品（荷兰）

图 7-18　Ole Jensen 作品（丹麦）

图 7-19　Ole Jensen 作品（丹麦）

图 7-20　Moooi 品牌　马塞尔·万德斯（荷兰）

图 7-21　殷昭英作品（韩国）

图 7-22　周晓冰作品

图 7-23　Anna Sykora 作品（德国）

图 7-24　Anna Sykora 作品（德国）

图 7-25　金志妍作品（韩国）

图 7-26　金志妍作品（韩国）

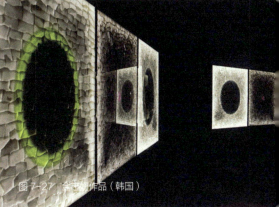

图 7-27　金志妍作品（韩国）

图 7-28 尹相贤作品（韩国）

图 7-29 尹相贤作品（韩国）

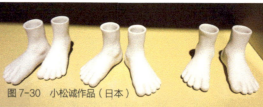

图 7-30 小松诚作品（日本）

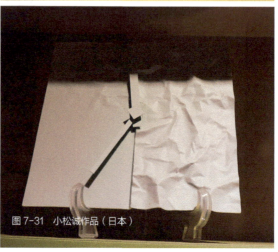

图 7-31 小松诚作品（日本）

图 7-32　Anna Carin Dahl 作品（瑞典）

图 7-33　Anna Carin Dahl 作品（瑞典）

图 7-34　Ane-Katrine Von Bülow 作品（丹麦）

图 7-35　Ane-Katrine Von Bülow 作品（丹麦）

图 7-36　Elke Sada 作品（德国）

图 7-37　Elke Sada 作品（德国）

图 7-38　Hanna　Werning 作品（英国）

图 7-40　Kaori Tatebayashi作品（日本）

图 7-39　Hisako Mizuno 作品（日本）

图 7-41　Kaori Tatebayashi作品（日本）

图 7-42　Kordula Kuppe 作品（德国）

图 7-43　Malene Helbak 作品（丹麦）

图 7-44　Malene Helbak 作品（丹麦）

图 7-45　森正洋作品（日本）

图 7-46　森正洋作品（日本）

图 7-47　Pia Baasstrup 作品（西班牙）　　　　　　　　　图 7-48　Pia Baasstrup 作品（西班牙）

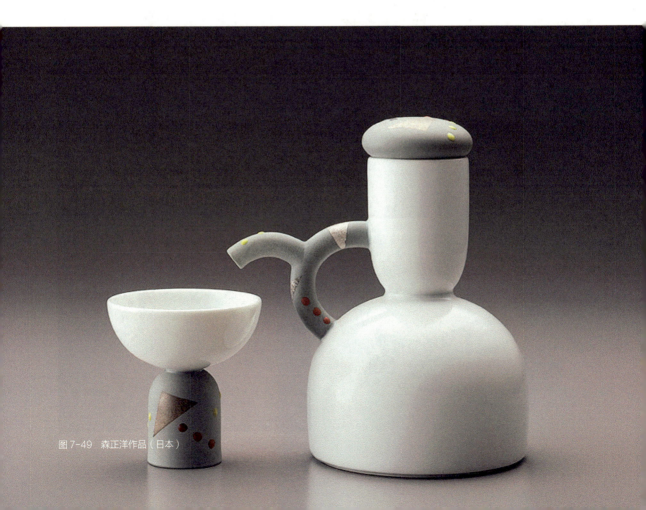

图 7-49　森正洋作品（日本）

图 7-50 陈宝义 灰釉土陶

图 7-51 丁益作品

图 7-52 郭爱和作品

图 7-53 毛若木作品

图 7-54 刘乐君作品

图 7-55 张力方作品

图 7-56 毛新建作品

图 7-57 毛新建作品

图 7-58　海晨"海上青花"品牌

图 7-59　黄春茂作品

图 7-60　黄春茂作品

图 7-61　黄春茂作品

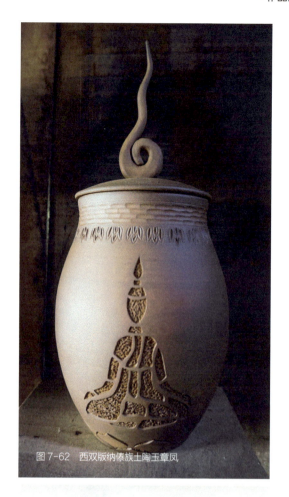

图 7-62　西双版纳傣族土陶玉章凤

图 7-64　张小兰作品

图 7-65　张小兰作品

图 7-63　余立扬作品

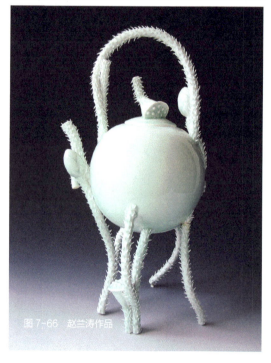

图 7-66　赵兰涛作品

图 7-67　朱小杰作品

图 7-68　朱小杰作品

图 7-69　朱小杰作品

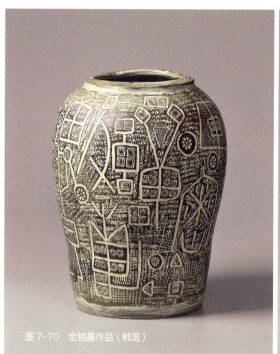

图 7-70　金相基作品（韩国）

图 7-71　金相基作品（韩国）

图 7-72　金珍奎作品（韩国）

图 7-73　Narumi（鸣海）作品（日本）

图 7-74　悟　张力方作品

图 7-75　瑞典皇家罗斯兰陶瓷

图7-76 飞天系列 丁益作品

图7-77 许燎原作品

图7-78 毛若木作品

参考文献

1. 路易莎·泰勒 .The Ceramics Bible[M]. 赵莹译 . 北京 : 北京美术摄影出版社，2014.

2. 李正安 . 陶瓷设计 [M]. 杭州 : 中国美术学院出版社， 2002.

3. 王忠 . 现代陶艺设计 [M]. 长沙 : 湖南人民出版社， 2008.

4. 唐英，赵培生 . 现代陶艺教程 [M]. 长沙 : 湖南美术出版社， 2006.

5. 陶瓷产品设计 . 刘伟宏 [M]. 沈阳 : 辽宁美术出版社，2014.

6. 贾克奎·阿特金 .250 陶瓷创意设计秘籍 [M]. 杨志译 . 北京 : 人民美术出版社， 2011.

7. 戴维·布莱姆斯顿 . 产品材料工艺 [M]. 赵超译 . 北京 : 中国青年出版社，2012.

8. 严建中 . 软装设计教程 [M]. 南京 : 江苏人民出版社，2013.

9. 李飒，戴菲，纪刚 . 中青新世纪高等院校环境艺术设计教材 : 陈设设计 [M]. 北京 : 中国青年出版社，2011.

10. 简名敏 . 软装设计礼仪 [M]. 南京 : 江苏科学技术出版社，2013.

11. 文健 . 室内色彩、家具与陈设设计 [M]. 北京 : 清华大学出版社、北京交通大学出版社，2010.

12.[英] 克里斯·拉夫特里编著 . 产品设计工艺 : 经典案例解析 [M]. 刘硕译 . 北京 : 中国青年出版社，2008.

13.[英] 彼得·康逊迪诺 . 陶艺技巧百科 [M]. 杨修憬译 . 北京 : 中国青年出版社，2003.

14.[美]Ray Hemachaandra.Masters: Earthenware: Major Works by Leading Artists[M].NY: Lark Books，2010.

15.[英] 克里斯·莱夫特瑞著 . 陶瓷 [M]. 邵旻译 . 上海 : 上海人民美术出版社，2004.

16. 黄焕义 . 陶艺技法 [M]. 南昌 : 江西美术出版社，2000.

相关网站

1.Moooi（http://www.moooi.com/）

2.Narumi（http://www.narumi.co.jp）

3.Wedgwood（http://www.wedgwood.com/GB/Home）

4. 海上青花（http://blueshanghaiwhite.com/）

5. 朱小杰（http://www.zhuxiaojie.com/）

6. 素生（http://sozen.cn/brand/）

7.Atelier Murmur（http://www.ateliermurmur.fr/index.php?/works/a-piece-of-cloth/）

8.Marialintott（http://www.marialintott.net/page14.htm）

9. 哥本哈根名瓷（http://www.royalcopenhagen.com.tw/）

10. 室内设计联盟（http://www.cool-de.com/portal.php）

后 记

我国是陶瓷的创生之地，陶瓷工艺与人类文明同步发展，是我国民族文化的重要载体。陶瓷材料也是珍贵的自然资源。合理地开发利用陶瓷，成为今天持续的设计课题。

学习并了解陶瓷材料的特征属性是产品设计的前提基础。陶瓷是当代世界工业设计五大物质材料之一。根据材料的基本属性，当代设计师引领了陶瓷许多新颖的设计语汇表达，将材料进行"新"用，不仅代表造型的创新，同时也扩宽了材料运用的可能性。将陶瓷饰品设计进行系统的整理、归纳，对陶瓷艺术的发展具有积极的作用。

陶瓷饰品的运用弹性空间很大，它既可以是具有装饰性的日常生活器具，亦可作为艺术品进行陈列欣赏。熟知陶瓷材料的属性是设计和生产理想装饰品的前提。通过泥、水、火、釉的融合，陶瓷饰品以具有标识性的特质传达语意，通过差异性设计呈现各具特色的陶瓷装饰产品。

《陶瓷饰品设计与生产》从设计专业实际运用的特点作为出发点，着重介绍了陶瓷材料的基础类型、审美特征、实际运用、生产工艺和制作流程、设计方法等内容。通过对陶瓷饰品存在于空间的形式进行研究，让读者充分了解陶瓷饰品具有的独特的视觉艺术语言、工艺成型方法和表现形式。

我从上大学开始学习陶瓷艺术设计创作，迄今已逾24年，其间游历于纯艺术与实用艺术的转换之临界，起伏于陶瓷制作成功与失败的欢乐和悲伤之中，至今心情一直是复杂的。近几年应学校新的陈设专业开设之需，开始了陶瓷饰品的课题研究。《陶瓷饰品的设计与生产》是饰品（陈设）艺术系列著作之一，由于种种因素，从选题获批至今已拖延六个年头，实谓"难产"。

由于学界目前尚未有关于陶瓷饰品设计与生产的系统文献与资料，而国内陶瓷饰品行业多为小规模作坊，设备与技术水平参差不齐，且普遍自动化程度不高，也没有相对标准化的自动化生产设备与生产线，实践的第一手资料不易获得。但幸好本人有在陶瓷企业担任几年设计总监的经历，还认识陶瓷领域诸多优秀企业家和前辈，先后调查参观了一些企业、大型展会并拜访了相关专家。特别感谢湖南德兴瓷业有限公司、湖南华联瓷业有限公司、许燎原师兄及许燎原设计博物馆、朱小杰老师等企业及专家，以及众多资料提供者。

在此书的编撰过程中，我的研究生魏璋、秦思思、张盼、刘芳芳参与了大量的文字整理和图片收集工作，研究生王晓宇、本科生詹小莲也参与了部分图片整理工作。另外，好友、韩国科技大学设计学留学博士丁益小姐提供了大量的韩国陶艺家作品，韩国陶艺家国立首尔大学设计学博士金志妍、韩国陶艺家首尔女子大学尹相贤教授提供了珍贵资料，在此特别感谢！

同时感谢湖南大学出版社胡建华、程诚编辑的敦促和编辑工作，此外特别要感谢中南林业科技大学家具与艺术设计学院院长刘文金教授提供课题机会，感谢戴向东副院长、刘文海副院长，邓莉文主任、何杨老师等同事的大力支持。

由于现代陶瓷产业飞速发展，加之对陶瓷饰品行业的了解不够，信息、知识量也远不全面，书中有不少错误和疏漏之处，恳请大家批评指正！

期待各位的信息反馈与指点，在下一次修订中逐步完善！

张玉山

2017年6月